白洋淀

白洋淀百工考

贾慧献 杨 昊 张瑞雪◎著

河北大学白洋淀流域生态保护与京津冀可持续发展协同创新中心资助出版

科学出版社

北 京

内 容 简 介

本书真实记述了白洋淀人民的渔猎和工具制作的活动，内容翔实生动，资料丰富。全书总共分为四篇，主要对白洋淀地区所特有的生产场景进行了详细描述，在此基础上，对其承载的地域文化、技术和艺术进行了论述，以期为白洋淀的发展提供历史借鉴。

本书可供历史学、文学、文献学等专业的师生阅读和参考。

图书在版编目（CIP）数据

白洋淀百工考 / 贾慧献，杨昊，张瑞雪著. -- 北京：科学出版社，2019.11

ISBN 978-7-03-062812-1

I.①白… Ⅱ.①贾…②杨…③张… Ⅲ.①白洋淀—手工业史 Ⅳ.① N092

中国版本图书馆CIP数据核字（2019）第239876号

责任编辑：任晓刚 / 责任校对：王晓茜
责任印制：师艳茹 / 封面设计：润一文化

科 学 出 版 社 出版

北京东黄城根北街 16 号
邮政编码：100717
http://www.sciencep.com

北京九天鸿程印刷有限责任公司 印刷
科学出版社发行 各地新华书店经销

*

2019年11月第 一 版 开本：889×1194 1/16
2019年11月第一次印刷 印张：14 1/4
字数：369 000

定价：198.00 元

（如有印装质量问题，我社负责调换）

百姓日用即为道：《白洋淀百工考》序

　　搬罾、卷苫草、打箔仗、夹簖子、戗泥矞、戳篓、旋网、叉汕、出汕、钏子……读《白洋淀百工考》让我想起以前读《帛书周易》时所感受到的遥远与陌生，感受到文明之初的洪荒和苍茫。对生活在当代的城市人来说，其描写的物件和活动的字和词晦涩得像天书。然而，所不同的是，《周易》中作描写的物件早已湮灭得无影无踪，以至于文字本身和读音都完全没有令人信服的指代，使本具有重要价值的历史典籍，终究沦为任由卜算命先生们假借以杜撰上天意志的"天书"。即使大学者们毕其一生穷究其意、纵然千百年的典注汗牛充栋，最终也只能是莫衷一是。如《帛书周易》中的《襦》卦，权威学者们解释为"渔网"，然而在另外版本中却是《需》卦，结果该卦的所有卦、爻辞的解释则天壤之别，对此，我们只能遗憾，两千多年前的人们并没有给我们留下对应的配图、实物和使用者的真实描述，而在案的《白洋淀百工考》可以让后世的人们没有这样的困惑，这也正是该书的一个重要意义之所在：它让千百年后，甚至廿年以后的人们，能了解生活在白洋淀人民的生存智慧和百工的真实形态，以及以此为载体的白洋淀文化和文明的形态。如我查遍了百度词条和新华字典，"钏子"都被解释为镯子，并没有找到如《白洋淀百工考》所描绘的作为制作芦苇产品工具的描绘。显然，"钏子"将随着白洋淀人们传统的生产和生活方式的改变，而失去其存在的价值，随之消失的是文字的含义和多彩的文化内涵。所幸，本书的作者将这一濒临消失的工具及其含义，连同其承载的历史、技术和艺术细致入微并准确无误的记载下来，使之成为一种具有白洋淀地域特色的物质和非物质文化遗产得以传承。

　　白毛苇、黄瓢苇、黄瓜鱼、黄颡鱼、嘎鱼、麦穗鱼、鳑鲏、柳叶鱼、马根鲹子，还有那飘在苇荡中的渔歌和拖网捕鱼时的劳动号子……读《白洋淀百工考》让我读到北方大泽的丰饶和绚烂的民风，它让我对《诗经》有更准确的理解，那是《国风·周南·关雎》所载："关关雎鸠，在河之洲……参差荇菜，左右流之。"还是《小雅·南有嘉鱼》所云："南有嘉鱼，烝然罩之。君子有酒，嘉宾式燕以乐。"我因此领略到了五千年文明的基因与智慧，五百里祖泽的诗情和画意。离开了寻常百姓的日常生活，大自然的丰饶便失去意义，美丽的风景便黯然失色，悠远的文脉便失去其根基和记忆。《白洋淀百工考》所呈现的是寻常景观的诗意，是真实的百姓生活，是真实的地域文化，也是人与自然和谐共生的美丽。它告诉我们，那些用"徽派建筑"来美化白洋淀的民居的所谓"美丽乡村建设"是错误的，那种搬迁当地居民来保护白洋淀的想法是何其荒唐！唯其如此，本书告诉我们如何善待本地居民及其文化遗产，并使之成为正在建设中的雄安的文化特色的源泉。

打河田、淘埝子、夹按子、扣花罩、拉大缏、打杖子、泡苇牙子、迷魂阵、爬旮旯……读《白洋淀百工考》给我一种回到童年的亲切感和悠悠的乡愁。本书以当事人口头采访的方式，真实记述了白洋淀人民的渔猎和工具制作的活动，翔实生动，令人有身临其境之感。书中所描述的一些生产场景是白洋淀地区所独特的，有部分是全国甚至是世界范围内都普遍存在的，如其中的各种捕鱼方式，也是我这个来自江南水乡的游子所尝经历的，其中的生存的技术与艺术唤起了整整一代人的乡愁。中国社会正处于一个巨变的时代，五千年未尝有过。工业化和城市化意味着本书所记述的生产生活方式将一去不复返，这意味着书中所采访的那些亲历的生产生活方式的记述也将成为绝代的遗产。

所谓文化，有一个定义是"人类对自然的适应方式"。白洋淀独特的自然和生态，孕育了与之相适应的具有地域特色的文化，表现为其人民的具有地域特色的生产和生活方式，并集中体现在其使用的技术之中。因此，这百工之中蕴含着自然的规律，技术之机理，艺术之微妙。与书店里摆放的一些高堂阔论相比，我更喜欢《白洋淀百工考》这样的著作：它描物精致入微，述事寻常真实，既有人类学的田野考察和"考工记"的准确计量，又有乡土文学的浓浓乡音和故事，它生动注解了明代哲学家王艮的"百姓日用即为道"的哲学和论断。因此，乐为之序。

俞孔坚

2019 年 10 月 5 日星期六于徽州西溪南钓雪园

前　言

为期近两年的白洋淀调研走访就要结束了，对这片北国水乡，从陌生到熟悉，从熟悉到迷恋，浸透了太多的汗水与情感。

孙犁说白洋淀里的水养活了芦苇，人们依靠芦苇生活。人好像寄生在芦苇里的鸟儿，整天不停地在芦苇里穿梭。我认为白洋淀的百姓就像白洋淀里的鱼，他们熟悉淀里的一草一木，与白洋淀生死相依、休戚与共。千百年来，他们祖祖辈辈在白洋淀里生活，四季轮回，传承有序，打河田、织渔网、编席编篓……白洋淀人的智慧远远超出了我的想象，他们面对生活的艰辛所展现的聪明才智让我动容、动心。白洋淀里不仅有芦苇和荷花，更有千百年来形成的文化积淀，深层次的文化需要我们去挖掘、去展现。雄安的崛起不仅仅是城市走向国际化，更应该去亲吻城市脚下的土地。

初识白洋淀，我认为水乡的生活是浪漫的：如水的夜色、皎洁的月光、一望无际的芦苇荡、穿梭其中的渔船，无不充满诗情画意。捕鱼的季节，一家人撑一只小船，荡漾在碧绿的水面上，有鱼的地方就有船，有船的地方就有家；冰雪纷飞时，一群人光着膀子，喊着号子，齐心协力凿冰捕鱼；一年四季，鸬鹚陪伴捕鱼人默契十足地捕鱼……但是在起早贪黑的调研中，我们也发现看似浪漫的捕鱼背后是极为艰辛的劳作，水乡人披星戴月，冒着严寒酷暑，在水里耕耘，吃冷馒头喝凉水，是他们辛勤的汗水融合成了浩瀚的水波。

调研时，我们奔波在田间地头，出没在芦苇荡里，既经受了炎炎的夏日的折磨，也领略过水乡的冰雪；过程虽艰辛，却惊喜连连，曾幸运地偶遇过大抬杆的最后一个继承人、钏子的最后一个制作者……我们发现千百年来这片水域形成了极强的特色分工，大田庄治鱼治虾，张庄儿拖钩，圈头拉大绠，采蒲台淘埝子，东田庄叉晒、叉王八，端村赶转网、扣花罩，邸庄儿下卡，韩村的枪排……后来我们又发现了漾堤口村的叉王八也是技术高超，北部张庄有二百年的下卡世家独领风骚。然而在这片水域里，许多传统捕鱼技艺、苇编技艺、造船技艺已经消失，或正在消失……

俗话说，一方水土养一方人，这些水乡的守艺人，能坚守的大多是六十多岁的留守老人，他们心灵手巧，自己却无法感知，更无法用文字记录传承，反而觉得这就是水乡的禀赋和几十年劳作而来的本能，但对我来说，这是金子般的财富。现在却无人继承，无法传承，亟须社会的帮助和转化。

我们对苇编、蚕丝网、枪排深深地迷恋着，迷恋的背后是对民间艺术的敬仰：苇编虾篓有倒刺的入口，蚕丝网需猪血浸染，虽然血腥却充满智慧，制作泥胎网坠用的黏土只有淀里的那一片水汪才有，枪排的枪口却越杀越旺。民间艺术之美是人面对生存的一种智慧累积，更是我们前行的力量。正如巍巍太行有严父般的伟岸，悠悠的白洋淀像慈母温柔，致敬地域。

这里承载着多少人美好的回忆，承载着多少人的聪明与智慧，但是随着社会的发展，这里的一切又必然被时代的车轮所碾压。俗话说落叶归根，但当我们自己想要寻找当初的根时，却发现已无从寻觅，这该是多么撕心裂肺的疼痛！看着几辈人传承下来的传统工艺在慢慢消失，又是多么令人惋惜。

走在狭小的胡同中，看着小孩嬉笑打闹，与质朴的村民进行交谈，了解白洋淀的历史，领略白洋淀文化。从春到夏，从秋到冬，白洋淀各个季节都有专属于自己的美，这里是与自然最接近的地方，是与淳朴善良最接近的地方，也是我们每一个生命最接近大地的地方。乡愁，乡愁，何为乡愁？我认为就是记载着自己最无瑕的时候，生活最圆满的时候，是当有一天我们走出这最初的单纯，经历生活的颠沛流离之后，能够重拾温暖的地方。

我们所能做的就是尽最大的力量来记录白洋淀这一方灿烂的文明，同时保留一份乡愁。我们走访的村落：采蒲台、圈头、大田庄、东田庄、北田庄、大淀头、东淀头、西淀头、漾堤口村、马家寨、边村、张庄、邵庄子、邸庄、端村、大张庄、小张庄、韩村、何庄子，等等。我们几乎走访了白洋淀的各个村落，收集了大量第一手资料。

在调研的过程中，离不开当地人的热情帮助，每去一处，总是会遇到热心的水乡人给予无私的帮助和耐心地讲解。感谢白洋淀无数守艺人，致以我们最高的敬意。

天尊安镇，雄安天下，致以最美好的祝福。

目　　录

第一篇　渔猎记

第二篇　苇编织

第三篇　造船记

第四篇　其他

第一篇　渔猎记

　　千百年来这片水域形成了极强的特色分工，大田庄治鱼治虾，张庄扡钩，圈头拉大绠，采蒲台淘埝子，东田庄叉晒、叉元鱼，端村赶转网、扣花罩，邸庄下卡，韩村的枪排……后来我们又发现了漾堤口村的叉元鱼也是技术高超，张庄有二百年的下卡世家独领风骚。

　　捕鱼一直以来是淀区人民的一种生活、生产、生存方式，世代相传。曾经，淀里的捕鱼人和收鱼人，每天早出晚归，形成了微妙的大自然平衡关系，这种水乡的老行当是千百年来水乡文化特有的遗存，是白洋淀渔猎文化的宝贵遗产。

一、鱼鹰捕鱼

鱼鹰捕鱼是渔樵文化里面重要的一环，自古以来鱼鹰就帮人捕鱼。我们采访的捕鱼人陈老四（图1），他们家代代靠鱼鹰捕鱼，他最高峰的时候养过20只鱼鹰，但是现在他的子女无人愿意继承。

从前，村子里放鱼鹰捕鱼的人很多，有四五十人，如今还在坚持的寥寥无几，只剩四五家还在用鱼鹰捕鱼，还有几家是在靠鱼鹰捕鱼表演谋生。白洋淀鱼鹰捕鱼和南方鱼鹰捕鱼有很大的区别，有北方特有的水域捕鱼的特质。

图1　笔者（左1）在采访陈老四（右1）

鱼鹰（图2），学名鸬鹚，是大型的食鱼游禽，外形像鸭，善于潜水捕鱼。眼睛为绿色，能在水中看见各种鱼；嘴尖长呈锥状，最前端有钩，适于啄鱼；喉下有一个小皮囊，能暂存捕捉的鱼；羽毛以黑色为主，部分地方呈黄、蓝、紫、绿色。

放鱼鹰的传承：鱼鹰捕鱼技艺一般代代相传。捕鱼人从十几岁开始便跟着父亲去放鱼鹰，由于一个小船只能承载一个人与7—8只鱼鹰，只能是父亲在前边放鱼鹰，自己划着小船在后边跟着学习。

鱼鹰的一生：鱼鹰的寿命一般为20年。鱼鹰蛋大小跟鸭蛋差不多，孵化期为26天左右，刚孵出来的小鱼鹰一根毛都没有，过五六天才睁眼，十来天开始长乳毛，到一百天长齐毛，就长成鹰了。特别小的时候在家养，但是也不让在院子里随处乱跑，拿个小筐，就让它在筐里活动。一个多月就弄船上去，但是怕把小鹰晒着，就在船尾给它搭一个小棚子（图3），三个月的时候鱼鹰就差不多长大了。

鱼鹰的雌雄：鱼鹰雌雄很难区分，只有有经验的捕鱼人才能分辨：个头大的，嘴里钩子粗的一般是雄的。雌性鱼鹰一般两岁大就开始下蛋，春天是鱼鹰下蛋繁衍的季节，下蛋的时候捕鱼人就把鱼鹰从鹰架子上弄到家里。鱼鹰多在夜间十点左右产蛋，一次产一个蛋，隔天一次。最为神奇的

图2 鱼鹰

是捕鱼人可以控制鱼鹰产蛋的数量，如果不想让它产蛋就带它出去捕鱼，工作累了，它就不产了。一般产够十多个，捕鱼人就不再让它产了。产的蛋也只有主人才能拿，否则鱼鹰就会啄人。雌性鱼鹰却不会孵蛋，要通过老母鸡孵蛋繁衍，野生的鱼鹰可以自己孵蛋。在捕鱼方面，雄性鱼鹰的捕鱼能力要比雌性强，雄性一天可以捕二十几斤，雌性最多捕四五斤。

图3 小鱼鹰的棚子

鱼鹰的颜色种类： 鱼鹰按羽毛颜色（图4），分为白色、黑色、白加黑三种。黑色的鱼鹰最多，白色次之，白加黑最少（白加黑色鱼鹰的羽毛哪部分是黑色，哪部分是白色并不是固定的，有的白黑羽毛是对称的，有的白毛黑毛相间）。小鱼鹰的颜色与雌鱼鹰颜色没多大关系。颜色不同的鱼鹰，捕鱼能力相当。

图4 各色的鱼鹰

图 5　鱼鹰换下的毛

鱼鹰的换毛：鱼鹰尾巴上有个小疙瘩，可以分泌油，羽毛上就会有油脂，时间长了羽毛就会重，得换毛才能有浮力（图 5）。鱼鹰一年换两次毛，夏季一次冬季一次。夏天换到八月，冬天封河换毛。小鱼鹰前部的毛色是白色的（图 6），通过换毛三岁的时候就变成黑色。换毛期间鱼鹰一般只逮够它自己吃的鱼。捕鱼人也可以人为控制鱼鹰的换毛，秘诀就是不想让它们换毛的时候就带它们出去干活，鱼鹰干活累就不换毛了。

鱼鹰的驯养：小鱼鹰几个月大就跟着大鱼鹰去捕鱼，小的跟着大的学，也是代代相传。

鱼鹰捕鱼的季节：春秋两季是鱼鹰捕鱼的黄金季节，有时一天能捕几十个大鲤鱼。这两个季节水冷，鱼游动的较慢，并且水清草低，所以容易捕捉。春季开河、秋后冻河的时候捕的最多。夏季鱼正产卵，为了能够让鱼卵成鱼，捕鱼人这时候多半不放鹰，夏天水浊草茂，鱼游迅捷，也很难捕捉。冬季，破冰捕鱼耗费大量人力，而且鱼鹰容易在冰下憋死，所以冬天鱼鹰不捕鱼，捕鱼人需要买肉喂鹰，因此，白洋淀有"要受穷，斗活龙"的说法。（活龙：指的是活的动物，这句话意思指喂养动物劳作，如果收成不好还需要自己贴钱喂养。）

一天捕鱼：放鱼鹰捕鱼，当地人称为下地逮鱼。一天分三个时段：早上、中午、晚上。每个时段捕两个小时然后休息，因为在深水里把鱼拉上来鱼鹰也累，待其恢复体力后再行作业。休息的时候就在船上，有劳有逸，役使适度。早上天一亮，捕鱼人就会带上鱼鹰、午饭、暖壶出门，晚上鱼鹰看不见所以天一黑就回家休息，休息的时候窝着脖子（图 7）。

图 6　幼年鱼鹰

图 7　鱼鹰在休息

鱼鹰捕鱼：以前水面积大，放鱼鹰的人多（图 8），放鱼鹰有讲究，最少要 5 个鱼鹰排子一起去，形成一个帮。这些人分三拨，前头的是带路的，中间的是干活的，后头的是收工的。头一个鱼鹰排子领路，查看哪里的水可以放鱼鹰，怎么放，脚底下有个板，踩的时候嘎达嘎达响，让鱼鹰跟着走；第二拨，三四只船要跟着鱼鹰，把鱼鹰捉到的鱼放到篓子里，要防止鱼鹰偷吃（鱼鹰颈上捆有活套，防止鱼鹰偷吃）；第三拨两只船，是收工的，在鱼鹰偷懒时赶着它们向前走，同时也要防止鱼鹰丢失，那时候一只鱼鹰最少值 100 元，在那个一天只挣几毛钱的年代，一百块钱一年都挣不回来，所以鱼鹰是渔民的重要财产。船上的鱼鹰大小不一，最小只有几个月，但是捕鱼的能力跟鱼鹰的年龄没有关系，训练它们逮大的就逮大的，训练逮小的就逮小的。主人根据经验就知道哪个地方有大鱼，哪个地方有小鱼，一般有苲草的地方有小鱼。各个季节都是天一亮捕鱼人就带鱼鹰出去，路上会有一些不听话的鱼鹰提前跳到水里（图9），这时捕鱼人就会拿杆子把它拉回来（图10）。为了方便管理鱼鹰，都会在鱼鹰的脚部绑上绳子（图11），在鱼鹰调皮的时候就可以用专门的竹篙（图12）把它拉回来，喂水的时候也用这根棍子来控制鱼鹰（图13），只有主人喂水的时候它们才会喝水，鱼鹰喝完水之后会展开翅膀晾晒（图14）。到了目的地之后会给鱼鹰绑上皮条草（图15）。

图8　20世纪80年代捕鱼人在放鱼鹰

图9　鱼鹰提前跳进水里

图10　用杆子拉回鱼鹰

图11　脚部有绳子的鱼鹰

图 12　控制鱼鹰的竹篙

图 13　捕鱼人喂鱼鹰喝水

鱼鹰本是食鱼动物，为了防止鱼鹰把鱼吃掉，会在它们脖子上拴上草绳，叫皮条草，当地人叫芒子。因为绑上草绳鱼鹰会很难受，所以到了目的地才绑上，捕鱼结束之后会给它们解开。皮条草是白洋淀特有的一种水草（图 16），用的是它外面的皮，晒干之后会变成黄色，常用剪刀的尖来劈成小细条儿，再用水泡泡，非常有劲儿。每次捕鱼回来给它解开，皮条草要一天一换。放鱼鹰时不能让它吃饱，俗话说得好"鹰饱不拿兔"，吃饱它就不捕鱼了。正如一首《墨鸭歌》中写道："乌里乌，乌里乌，脚踏麻绳走江湖，人家说我吃饱饭，我其实饿着肚皮做生活。"其中脚踏麻绳、饿着肚皮做生活就是脚部绑绳、捕鱼前不让它们吃饱的生动描写。除此之外，鱼鹰还可以跟出汕（详见出汕捕鱼）相结合捕鱼，在用鱼鹰捕鱼之前，几家捕鱼人联合，在水里按上苇箔，从四方追鱼，让鱼集中于一较小之箔中，前期工作至少十几天，然后放鱼鹰捕鱼。

图 14　鱼鹰晾晒翅膀

捕鱼场景：在日本岐阜长良川，有鱼鹰捕鱼表演，这是一道延续了千年不变的风景线，吸引着无数来自世界各地的游客。日本第一位

图 15　捕鱼人在给鱼鹰绑皮条

诺贝尔文学奖获得者川端康成，还把鱼鹰捕鱼的场景，写到了他著名的小说《篝火》中："鱼鹰在船边拍打着翅膀。突然间，流动的东西、潜流的东西、漂浮的东西、渔夫用右手扳开鱼鹰的嘴让它吐出来的香鱼，全都像魔鬼节那些又细又黑的身体灵便的怪物一样。"鱼鹰捕鱼是一幅无法用文字描述的美妙画面，在吴嘉纪的《捉鱼行》中用"荞草青青野水明，小船满载鱼鹰行。鱼鹰敛翼欲下水，只待渔翁口里声。船头一声鱼魄散，哑哑齐下波光乱。中有雄着逢大鱼，吞却一半余一半。"来描写这一场面，生动而形象。放鱼鹰时，捕鱼人一声口令，鱼鹰便"哑哑齐下"，捕鱼人不同的动作意味着不同的口令，拿竹篙敲打是为了教训不捕鱼的鱼鹰（图 17），用船桨使劲拍打水面是为了让鱼鹰跟着他走（图 18），等等，长时间训练，鱼鹰早已熟悉捕鱼人的每一个动作，每一句声音，甚至每一个眼神的含义。在主人有节奏的梆子声和吆喝声中，捕鱼人双手划桨撑船，一只脚踩在船舱，另一只脚持续的敲击放在船尾的盖板（图 19），发出有节奏的梆子声，嘴里不断喊着"哎嘿咦"，指挥散布在水面上的鱼鹰，鱼鹰时而钻入水底，时而钻出水面（图 20）。有的鱼鹰看见鱼，傻待着不去叨，缓一会儿，再告诉主人，这有个大鱼，张着大嘴，让你看，等捕鱼人召唤，它才下去，然后再叨回来，捕鱼人眼疾手快，迅速地拿竹篙把鱼鹰拉上来（图 21），用手在鱼鹰的喉囊上轻压，从鱼鹰嘴里把鱼拿出来（图 22），顺手从船舱中拿出一条小鱼放进鱼鹰嘴中（鱼特别小，虽然绑着草绳也能咽下去），作为对它的奖励，然后把鱼鹰放进水里，开始新一轮的捕猎，这一串的动作麻利有序。如果是稍大一点的鱼，鱼鹰把它衔起来，主人就用回子（图 23）捞起来。更大的鱼

白洋淀百工考

图 16　皮条草

图 17　捕鱼人在训练鱼鹰

图 18　命令鱼鹰跟随

图 19　敲击盖板

图 20　时而钻入水底，时而钻出水面

图 21　把逮到鱼的鱼鹰拉上来

图 22　拿出逮到的鱼并且在船舱中拿出小鱼喂鱼鹰以作奖励

就得由几只鱼鹰配合来抓。当然也有鱼鹰为了邀功在其他鱼鹰逮上鱼的时候过去咬一口，这类鱼鹰不起好作用，会受到主人的惩罚，不给它吃的。也有鱼鹰偷懒，在别的鱼鹰捕鱼的时候休息，主人也不给它鱼吃。俗话说得好"人为财死，鸟为食亡"，捕鱼人通过控制鱼鹰的吃食便能控制它们的行为。鱼鹰把鱼叼上来并不会让鱼受很大的伤，它嘴里有钩，一钩鱼就能拉上来了，如果鱼死了就没有办法卖了。在整个捕鱼的过程中，捕鱼人与鱼鹰配合得相当默契，主人看一眼，它们就知道有鱼了，主人的表情、语言、动作代表着不同的命令，它们都能够很好的配合，这种默契是外人无法领略到的。它们什么种类的鱼都逮，二十几斤的鱼也可以逮，位于水下两丈多深的鱼也可以逮。鱼鹰不会飞，是潜水的，但是野生的鱼鹰是可以飞的。鱼鹰逮一会就得休息一会儿，从水底带鱼上来是很累的，休息的时候有的会窝着头睡觉。等到天黑回家以后，捕鱼人就会给鱼鹰解开草绳，喂鱼给它们吃（图24）。

图 23　回子

图 24　回家喂鱼鹰吃小鱼

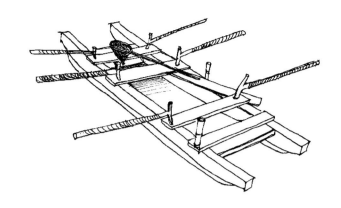

图 25　放鱼鹰专用的冰床

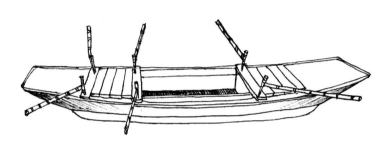

图 26　救生船

图 27　冬季捕鱼

冬天捕鱼：之前捕鱼人多的时候还在冬天破冰捕鱼，结冰的时候用冰床（图25）或者用救生船（图26）带鱼鹰出去捕鱼。冬季用冰篙在冰面上凿开窟窿放鱼鹰捕鱼（图27），先在冰上打三个窟窿形成三角形，然后打出一个较大的窟窿，这样的窟窿起码要打20多个，如果只打一个窟窿，鱼鹰没有办法出来那样会在水底下被憋死，每个窟窿与窟窿之间要大约隔开大约5米的距离。鱼鹰可以从这个窟窿进去，那个窟窿出来，连着钻，由于凿开冰面耗时费力，如今这种壮观场景已经消失。

捕鱼的多少：过去白洋淀的人说："三只鱼鹰养一家"，足见鱼鹰捕鱼之多。所捕之鱼一大早就拿到市上去卖，因为逮的鱼是新鲜的，活蹦乱跳的，很快都能卖了。陈老四先生打鱼最多的时候打过九十多条大鱼，能卖上千元。一年中没有收入的时间有三几个月。

南北方放鱼鹰的差别：（1）南方放鱼鹰是用竹排，北方是用鹰排。（2）北方的鱼鹰可以在苲草里边找鱼。（3）南方白天太热，鱼鹰晚上捕鱼。（4）北方鱼鹰可以破冰捕鱼。

鱼鹰的捕鱼能力：鱼鹰能不能捕鱼从小就能看出来，主要看长的精不精神，捕鱼人能辨别，外人看不出来。耍奸的，不愿意捕鱼，一般就会被卖掉。

鹰排：鹰排（图28）长两丈宽四尺，因为小而轻、跑得快，被称为可以在浪花上行走的船。鹰排很窄，每次只能上一个人，并且必须走船的中心线，否则船就会翻。正因为它的娇小，在捕鱼人手中便矫若游龙（图29），即使在风雨天，鹰排也照样能在白花花的浪尖上行驶。船上有活舱跟河水相通，用来存放逮到的鱼。鹰排船前船舷两边各有两个洞，可以插上四个鹰架子（木棍），船后面还有两个鹰架子，

图 28　鹰排

一只船上一共有六个鹰架子，架子上放置鱼鹰。

鱼鹰的灵性：鱼鹰非常有灵性，一生只认一个主人。通过从小的训练，捕鱼的本领很强，捕鱼人这么一着急摇船，它们就知道该捕鱼了。它们懂得互相协作，当捕到大鱼自己弄不动时，其他的鱼鹰会来帮忙，一起把大鱼捕到；鱼鹰通过声音就可识别自己的主人，主人一声召唤，鱼鹰就会回来；鱼鹰不允许陌生人登船，如果遇到陌生人上船鱼鹰会扑腾着把船弄翻，上去扑咬；鱼鹰平时不叫，只有遇到生人的时候会叫；下蛋时，也只有主人可以把蛋拿出来。鱼鹰是很有灵性的，它与主人互相配合捕鱼。原来养鱼鹰的人比较多的时候，白洋淀有四五十个人一起捕鱼，上百只鱼鹰共同作业，等捕鱼结束回家的时候，鱼鹰就飞到自己主人的船上。

鱼鹰的乖巧：主人不在的时候，它们就待在船上不动，也不乱跑。想要喝水的时候也得主人来喂，没有主人就算是渴了，它也不会自己下去喝。

养鱼鹰注意事项：（1）小鱼鹰一天喂三顿，把小鱼剁成馅，用小竹托喂，几天就大了，长得特别快。前期是家里人照顾，上了船之后就是主人照顾，差不多一岁时就可以自己吃鱼了。（2）喂水，一般也是三四回，喂饭的时候顺带喂水。

放鱼鹰的历史变化：最早是用一根棍子抬着鱼鹰来放（图30），后来演变为把鱼鹰放在船上但是没有鹰架（图31），最后是现在的船上有鹰架（图32）。

鱼鹰捕鱼的缺点：鱼鹰捕上来的鱼鳞片剥落，外观不美。同时鱼鹰也危害鱼苗，有"鹰叫一声，鱼惊千里。鹰拉一摊屎，臭半亩地（水）不生鱼"的说法。

图 29　矫若游龙　　　　　图 30　单根棍子放鱼鹰

图 31　鱼鹰直接放船上

捕鱼人熟悉他的每一个鱼鹰，在外人看来一样的鱼鹰，在捕鱼人眼中都是一个独立的个体，捕鱼人按照每个鱼鹰不同性格来给它们起不同的名字，甚至它们谁吃多吃少都知道。

他们彼此之间的守候、守护是"愿我如星君如月，夜夜流光相皎洁"最好的阐释，他们是浩瀚的白洋淀的星与月，主人是月，鱼鹰是星，主人常在，鱼鹰代代相陪，这是白洋淀动人的风景。岁岁年年，凡是有光亮的时候他们便相互做伴，游走于白洋淀（图 33）。

爱好绘画的白洋淀人也用自己的方式记录下了这些动人的场景（图 34）。

图 32　渔船上的鹰架

图 33　岁月相伴

图 34　鱼鹰捕鱼场景图

二、大抬杆猎野鸭

仅就大雁、野鸭、鹢丁、灰鹤、黄鹤等几种水禽的数量来说，过去每年春秋之际，白洋淀的大雁、鹢丁、野鸭都会如风而至，飞起来时遮天蔽日，落入水中满淀皆黑。很久以前，水乡渔村还都有"大抬杆儿"就是轰击水禽的特制火炮。

春去秋来，大雁，野鸭，天鹅来了。大雁是规律性十分强的候鸟，俗话说："七九河开，八九雁来"。每年初春，大雁排着"人"字或"一"字队形飞回。大雁纪律性非常强，每个雁群都有头雁带领。大雁还有十分强的等级观念，失去配偶的孤雁特别受歧视，每当夜间雁群休息时，孤雁都要在一旁值班站岗。野鸭喜欢吃鱼，也吃粮食，当稻子熟了的时候，它们会飞到稻田里糟蹋粮食。野鸭喜欢群居，但没有大雁纪律性强，飞行杂乱无章，常常是漫天飞舞，叫声连天。白洋淀的专业猎户，摇起枪排（图1），拿起大抬杆（图2），点起火药，发射铁砂（图3），野味带回家。白洋淀俗谚说："春鹢丁，秋鸭子，香了你的嘴巴子。"春天的鹢丁最肥美，秋天的野鸭最驰名。传统的吃法是卤煮，择去羽毛，宰杀干净，全身卤煮。出锅之后清香四溢，色泽诱人。白洋淀特色菜谱上还有"龙凤鸭""鸭子凫藕""鹢丁羊肚菜"等菜。最名贵的是"子母相偎"，就是在宰杀好的鹢丁、野鸭肚子里放上它自己下的蛋，必须是"原装的"，放好作料在柴锅里清蒸。这道菜，就是可遇而

图 1　枪排

图 2　大抬杆

不可求的名贵菜看了。

我们在韩村找到了传承八代的猎户世家传承人王振国（图4），他对环境非常熟悉，对大抬杆的掌握都烂熟于胸，这方天空、水域、声音，甚至风都成为其身体的一部分，如影随形。

图3　铁砂

图4　笔者（右一）与大抬杆传承人（左一）合影

大抬杆："大抬杆"（图5）以前是白洋淀猎户发明的一种专门捕猎成群的大型水禽的武器，尤其是迁徙过程中的成群歇脚的大雁、天鹅、野鸭、鹘丁，有效杀伤射程为80—100米，筒又长又粗，非常沉重，一般两人才能扛得动，因此叫"抬杆"，两枝大抬杆为一组，比较短且水平放置的为"公炮"，俗称"二杆子"，打不远；比较长且枪口稍微翘起的为"母炮"，两只杆均一百多斤，大小基本上占据整个船。大抬杆由枪管和枪托两部分组成（图6）。两道铁箍把枪管与枪托结合在一起。枪的尾端处有一个火门，射击时用火绳点燃药捻。为了防止浪花打湿枪膛内的火药，在点火处插上一根雁翎；抗日战争时期，白洋淀活跃着一支抗日队伍，又因为长期在白洋淀打猎形成的习惯，他们在白洋淀航行时，船只往往呈现"人"字形，和群雁在空中飞翔时的队形相似，所以人们称之为"雁翎队"。

图5　博物馆中陈列的大抬杆

图6　枪管和枪托的搭接方式

枪的分类：枪分为大枪（俗称"大抬杆"）和小枪，小枪就是单管，俗称火枪，渣铁做的。

枪的用法：大抬杆：准备发射时，先在大抬杆中装上三两火药（需提前称好），装上抬起来再装铁砂，铁砂得装半斤（如果没有铁砂用沙子）。等鸭子快到了就用香点火（小孩儿放炮用的那种香）。一点"砰"地响了，响了打不了几只鸭子，紧接着这鸭子一飞，母枪马上就响了，大抬杆打出去是一片铁砂，威力很大，打的最多的时候一个排子都装不下。打的时候一般几个人一起去打，平分成果或者自己拿自己的，行内都有规矩，一般都协同打枪。打枪不能顺风打，因为风会改变它的方向。打一枪，用半斤沙子，大概有好几百粒，有效的沙子没多少。由于沙子出枪管是喷出去的，打枪越近打的越准。小枪也需要装药装沙，也是用来打鸭子的，只是比较灵活，遇到一两只鸭子，走近了直接开枪打，每打一次就需要换一次药。

铁砂：打铁时弹出来的铁花就是铁砂。过去用铁厂里打造东西砸溅出来的铁花，当时两三元钱一斤。

用大抬杆打野味的地点和方法：打野味又称打牲口，一般要去无人的地方。必须要安静，并且还得有点计谋，等看到鸭子落下来，慢慢地靠近，根据经验大的火枪有效射程为八十米，估计距离差不多了，再看鸭子什么时候飞，如果没有飞就还往前走，因为越近打得越多，时机到了就要下水打枪（当地人称：串枪）。有的时候公枪、母枪一起开，有时候也许一个就打准了，则不一起开，比如只遇到三四只鸭子，只打一枪就够了。抗日战争期间也用这个打日本鬼子。

新枪和旧枪的区别：新枪是钢管，要比老枪保险；老枪是铁管。

大抬杆捕鱼的时间：春秋两季（因为大雁春去秋来）为旺季，打一些野鸭、野雁、野鹅等野味。春秋两季时，早晨出去天黑回来。冬天有时候也会打，直接在冰上架枪打或者在冰床上打（得需要两个冰床，前边冰床放枪，人趴在后边冰床）。但是夏天不打鸟，这是祖传下来的规矩，夏天是它们的繁殖期，也是对生态的一种保护。同时，每次打枪目标中的野禽并不会全被打死，会有一部分幸运逃脱，并且这些幸运逃脱的野禽会特别敏感，以后遇到猎人会提前飞走，一般不会被打中第二次。

猎人用的枪排：专门用大抬杆捕鱼的船叫枪排，这种船底面平，船身稍微有点翘，船头比船尾高一点，船前后一般是一样宽的，船身直，吃水浅，行进起来悄无声息，船身的"搪浪板"上有一个月牙形的凹槽，便于猎户在接近猎物时，观察鸟禽动向，防止惊动鸟类，在水下推动枪排行走，紧盯前方。船上专门设计了炮架，公炮水平安放，母炮的炮口稍稍扬起。火炮后部有木质炮托，炮托固定在船上，防止开炮时产生的"后坐力"伤人。炮管根部有火门，是点燃大抬杆的芯子。

传承：用抢排打野味是个代代相传的技术。

打对鸭：公鸭不睡觉，只要它一发现有猎人，就围着母鸭转圈，这个时候不能打，待到母鸭一醒，这时候打，能打对鸭。

口述：

被采访人：王振国。

采访人：您能讲一下当初合作打猎的场景吗？

王振国：中华人民共和国成立以前，各个村打枪的都奔着这儿来，找到家里，朋友都来了一块打抢，不能说是一个人打，比如说这八只船，排好了一块打，都有行规。比如说你准备打了，我在旁边因为你打我没打，如果你也打我也打，咱们谁也打不中，所以等把这个鸭子捞上来，扣除枪、药、铁砂钱，剩下的平均分配。

被采访人：邓志庚。

采访人：邓老师，您能讲一下打猎的盛景吗？

邓志庚：用大抬杆打水禽，一般是几只枪排合击。枪排队伍发现有成群的水禽在水面上觅食，猎手们就各自准备，天寒水冷，就穿上防水裤，叫作"蹚"。下水推船，把枪排队伍调整成弧形横阵，对水禽形成半包围态势。每人点燃一根"鼎香"（比较粗的线香）作为引火之物，夹在耳朵上备用。枪排队掩行到射程之内，首领就高声发令："开火！"水禽们被喊声惊动，纷纷振羽而飞。与此同时，猎手们听到命令，从耳朵上取下鼎香，点燃公炮的火芯儿，引燃火药，催发铁砂，无数铁弹从炮口喷发而出，形成一个个扇面弹群，直击刚刚起飞的水禽。公炮击发，引燃了母炮，这叫"老公刺老母"，母炮随即击发，火网直扑已飞起五六尺高的水禽。大抬杆双发连击，水禽纷纷中弹落水。也有中弹的水禽，由于未中要害，带伤飞蹿。这时猎手们从枪排上拿起已经装好弹药的猎枪，瞄准飞鸟射击，击落逃窜的水禽，能够做到百发百中。一阵枪炮声响过，猎手们划着枪排，捞起中弹的水禽，硝烟弥漫的"屠场"之上，充满了歌声笑语。

采访人： 当时一听到淀里的枪声，周围百姓什么反应呢？

邓志庚： "大淀里响了枪啦！"每当听到大抬杆的轰击声，在白洋淀干活的，甚至附近村庄里的年轻人，都禁不住停下手中的活计，相约着到猎场"赶伤鸭子"，任凭老人们怎么喊也阻拦不住。由于大抬杆轰击的面积大，野禽中弹后伤情不一，有很多水禽还能浮、能飞。只不过浮不太远，飞不太高，四外逃窜得哪儿都有。此时，人们如蜂而至，几个人合驾一条船，有划桨的，有撑船的，船行驶得飞快。多少只船在白洋淀追逐着、呼喊着，还有的年轻人，不怕天寒水冷跳入水中，游泳追赶水禽。那热闹的场面就不用提了。很多船都捉到了战利品，没有捉到的也不懊悔，玩儿得败了兴，回家一块儿收拾野味，喝酒去了。

春初、秋末的傍晚，猎人埋伏在芦苇、荒草丛中。时而喝口烈酒，抵御着白洋淀的晚寒，他们等待着择偶的灰鹤、黄鹤。那些因种种原因失偶的鳏、寡鹤鸟，就失去了加入群体的资格。春初，希望成双搭窝产卵；秋末，需要成对加入鹤群迁徙。它们怀着一线希望，在白洋淀的上空盘旋，发出凄凉的求偶叫鸣。隐蔽在白洋淀上的猎人，听到叫声能分辨出是只公鹤还是母鹤，随即发出含情脉脉的应答。意在告诉对方："快来吧，你要找的伴侣等着你呢！"猎人学鹤的叫声惟妙惟肖，完全能够以假乱真。飞鹤听到温情的应答，放慢了速度，循声而来，求爱之心使它不顾一切。猎人突然举手一枪，飞鹤应声而落，做了爱情的殉葬品。

采访人： 白洋淀的猎户了解水禽的哪些特点呢？

邓志庚： 野鸭、鹐丁都是杂食水禽，喜欢潜水啄食水底的小鱼、小虾、小田螺等；也喜欢吃苲草的嫩芽。白洋淀有专门用网捕捉野鸭、鹐丁的猎人，他们把网张在水禽喜欢出没的地方。野鸭、鹐丁都是成群结队地觅食，一会儿浮在水面，一会潜入水中。不知不觉，一头扎入了猎人布下的网眼。前进不得，后退不能，常常是一个"班"、一个"排"地被集体俘获。这种捕获水禽的方法叫"划网"。

采访人： 猎户不携带大抬杆，拿着普通的猎枪，如何捕猎？

邓志庚： 有的猎人没有大抬杆，喜欢单独行动。驾一只小舟，船上备有两支猎枪，用皮囊盛着火药，用铝壶装着铁砂，他们一般都身怀"截飞"绝技。撑着小船，在芦苇荡、水荒地里悄无声息地穿行，搜寻着大雁、野鸭、鹐丁等水禽的窝巢。空窝会有野禽来下蛋；有蛋的野禽会来孵窝；有雏鸟的窝野禽会来喂食。野鸟们由于生儿育女的天性，一旦飞回自己的窝巢，就会突然发生枪响鸟落的惨剧。一只归窝的水鸟被击落之后，水禽夫妇的另一半，就"大难来临各自飞了"。猎人捞起死鸟，又直奔它的窝巢，捡起窝里的鸟蛋，在水中"漂"一下。鸟蛋要是沉底，就收入篓中；要是漂在水面，说明蛋里已经有了"儿子"了，就顺手丢弃；要是窝里有雏鸟，也带回家。总之，鸟蛋可以煮给孩子们吃，雏鸟可以让孩子们玩。孩子们非常喜欢雏鸟，用绳子绑上它的腿拉着玩，出于爱惜，掰开雏鸟的嘴喂食。不过雏鸟们从不接受这种爱怜，终因不吃不喝而自毙。

被采访人：李金壮。

采访人：您能详细地说明一下打猎的过程吗？

李金壮：先在白天观察好野鸭、大雁的栖息地，夜深人静时，野鸭、大雁群睡熟，值班大雁疲惫时，由猎手们涉水推船，向野鸭、大雁群靠拢。出猎通常采取逆风向推进，因野鸭、大雁栖息时，把头部面朝风向，便于听闻异样声音和气味，逆风推进正是朝向猎物尾部，不易察觉。为了麻痹值班的孤雁，猎手用火绳或香火在黑暗的空中虚晃一下，孤雁开始鸣叫，但猎手立即用手捂住火绳，被惊醒的群雁一阵骚动之后发现并无危险，便群起攻击值班的孤雁，委屈的孤雁挣扎一番十分疲惫，便放松了警惕。当枪排进一步接进雁群时，领头的猎手再次晃动火绳，这是点火的信号，各船同时点火，由于野鸭、大雁的翅膀羽毛顺滑，打在上面会有滑弹，当发出信号后，正好野鸭、大雁张开翅膀先后起飞，按不同高度分成多个射击层面，能有效提高杀伤力，俗称"打起打落"。如果雁群中有天鹅，还要在船上包裹白布，因天鹅对周围颜色变化敏感，唯独不惧白色，这样以免受惊飞走。由于事先已经调整好，枪排上的枪有打高处的，有打低处的，只听"轰隆"一声巨响，火药喷出密集的铁砂子，无论是在水中的，还是被惊醒刚刚起飞的，都被这巨大的火力网罩住，顿时无数死伤的野鸭、大雁落入水中。接着便是打扫战场，收获猎物，追赶受伤逃窜的野鸭、大雁。

采访人：您能讲一下之前白洋淀打野禽的盛状吗？

李金壮：四十多年前，白洋淀各地生态环境好，森林湿地多，鸟类具有得天独厚的生存条件。除了多种野禽就地繁衍生息外，还有"鸟类驿站"之称，每年春秋两季，大量北徙南迁的候鸟在

图 7　驯养老壕

白洋淀驻足养息、补充能量。一百多个大小淀泊，鸟多为患，殃及渔农，不仅捕食大量鱼虾，而且损坏秧苗、稻谷。船上并排放着两杆熟铁锻打的六七尺长的火药枪。两支枪的口径一大一小，小的一寸有余称公，大的可达三寸为母，枪口可装火药和铁砂，枪尾有点火孔，下有底托固定在船后舱的木梁上。公枪的主要作用是惊起雁群，为母枪拓展杀伤面。尽管大抬杆对所触及的雁群杀伤力是毁灭性的，但相对在白洋淀过往活动的群雁而言，猎杀的数量是很有限的。况且，猎户们为了垄断行业，受益长远，自有一套不成文的行规守则和迷信说教，如"兄弟不同猎""立夏不打鸟""十猎九残"等，客观上起到了抑制猎户队伍的扩大和保护鸟类繁衍的作用。

采访人：听说打猎的时候猎人还有"猎托"，您能具体说明一下"猎托"的作用么？

李金壮：猎人大多豢养三两只猎托，绝大多数是从小驯养的水鸟"骨顶鸡"，俗称老壕（图7），猎人从鸟巢中掏得雏鸟后，依其食性精心喂养，行猎时也带在船上，使其自幼依赖于人，听惯枪声而不惊惧，养成后即可使用。每当猎人划船至猎场，在船周围插上芦苇做掩蔽（图8），再放"猎托"下水。这些经人调教的小生灵只在附近游动，并时常鸣叫，引诱野禽靠近，以使猎人得手。猎人对击落的猎物不急捡拾，任其渐积成片，使高空的水鸟误以为此处是群鸟聚集的平安之地，纷纷飞来赴死。

图 8　芦苇做掩蔽

三、下卡捕鱼

下卡捕鱼与现在的垂钓捕鱼极为相似，但是并没有鱼钩。除了白洋淀的渔民使用之外，在其他地方并不多见。因为这种渔具制作简单，成本极为低廉，并且捕鱼成绩极好，所以在白洋淀是一种很普遍的捕鱼方式，下卡捕鱼的时候渔民通常在船上生活（图1）。做卡还是要数邸庄最有名，在调研中我们遇到了最后一位做鱼卡的邸老亮先生，这是我们发掘的最有感觉的一个传统秘技。

图1　白洋淀渔家生活图

（一）工具

磨刀石（图2）：用来磨卡头刀。

图2　磨刀石

皮手套（图3）：保护手不被伤害，材质是自行车内胎。

图3　自行车内胎制作的皮手套

卡头刀（图4）：用锋钢制作而成，一个起码使十五六年，主要用来削卡头。

图4　卡头刀

（二）卡的组成（图5）：由卡头、卡圈、饵、口线组成。

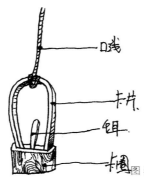

图5

卡头：平扁形，两头稍尖，中间内侧稍薄，长短按捕获的鱼类大小而定，普通长约一寸半，宽二分。

原料：竹子，必须是竹子最底下的一节，韧性大、柔软、有弹力（竹子上边部分太嫩，韧性不佳，容易裂）。使用之前得用白开水煮一下，用来增加卡头的韧性，使之不易折断。

制作步骤：第一步，把竹子分成几段，当地人叫劈枝子，劈披挂。

第二步，把竹子削成两头尖。把竹棍削细，再把竹棍中间部位削出小的凹槽，然后顺着中间的凹槽缺口削成两头。

第三步，拿拿腰，判断卡片是否合格。

卡圈：芦苇秆，一般用粘苇芽，并且必须是芦苇根，时间是农历五月初五以后在水里出的晚牙子才可以。

面食（或者棒子粒、麦粒）：原料：面粉、食盐、水。把白面和好后擀成薄皮，放上油，蒸熟了，晾干后再切成小条，小条一头略大，一头略小。通常用高粱面、白面，筋道耐泡不易散落。

口线（支线）：棉制，三股捻绳，径半分，长约七寸，能重复使用，换卡的时候可不换口线。

第一步，绑绳子。

第二步，拿拿腰。

第三步，用打火机把绳子头烧一下，不容易脱线。

第四步，把单个卡的绳子绑在长绳子上，绑两匝。

第五步，把卡子和绳子放在有斛树皮沫的水里煮一煮，染成棕色。一是使线结实耐用。二是使绳子在水里不容易糟。三是使卡不容易被鱼发现。四是防止卡和绳子发霉。

（三）除卡之外需：干绳、漂浮、沉石、卡盘

干绳：棉材料的，需要用斛皮煮。

浮漂：一般为芦苇或者泡沫等能漂浮于水面并且容易识别。

沈石：结石块或陶瓦，绑在干绳上。

卡盘（图6）：俗称"浅子"，用来放卡。

图6　浅子

（四）下卡捕鱼

卡船：虽然什么船都可以用来下卡，但是有一种专门下卡的船——卡船（图7）。船上有木楼子，木楼子里面是船舱，晚上在舱里睡觉，舱里能够睡下两个人，舱盖是活动的，由三四块板组成，掀一块板就可以进去。木楼子顶上是个平台，可以坐着说话、干活。船后梢上有小"锅腔儿"，后舱里准备了油、盐、酱、醋等，可以做饭。把苇茬放在船上，做柴火。卡船就是一个流动的家。卡船一般要有翘度，形成上下都有一定弧度的形状，船在水中阻力就会减小。船的后头有个笼子，可以养鸭子，还能吃个鸭蛋。船边有个排子，为了下卡方便（下卡就使排子）。逮上鱼之后把鱼放在船舱，船中有个舱，舱中有洞使水进入舱内，叫"活舱"，用来保持鱼的鲜活。

卡的种类：不同种类的鱼卡只是卡头的大小不同，用什么鱼卡要根据捕获鱼嘴的大小而定。逮黄瓜鱼，卡头有半寸多长就行。逮半斤左右的鲫瓜，卡头得有一寸来长。要是逮六七斤大的鲇鱼，

图7　卡船

卡头至少得有二寸长。

其中，小卡使用期长，捕捉鱼类种类较广。下小卡的鱼饵多为小鱼、小虾，面食也可以，要随着季节变化而改变鱼饵。一般的渔家规律是清明节前用鱼虾，芒种节前用面食，再到立秋前用麦粒，冻河前又可用面食。

不同的卡食逮不同的鱼，白面蒸的卡食逮鲫鱼、黄瓜鱼等，用小鱼、小虾做鱼饵可以逮鲇鱼，刀鱼。用莘叶做卡食可捉草鱼。说来很有意思，有时面食也能捉到大鲇鱼：小黄瓜鱼被卡住，大鲇鱼再去吃小黄瓜鱼，也就会被卡住。

使用方法：一般傍晚选择适当的水面，横断水流投下卡，一人摇船，一人在船的两旁将浮漂沉石投下，并且沿直线方向下卡绳；也有的一边下卡，一边撒一些稻稗之类的鱼食。鱼类前来吃诱饵的时候，卡圈也会被鱼咬断，卡就张开卡住鱼的鳃盖（图8）。其实，这时鱼如果向后拽，就能从卡头逃走。第二天早上，仍是一人棹船，另一人在船头收卡，发现卡住鱼的时候不能把鱼拉出水面，要防止鱼脱落，用备好的回子先把鱼捞出水，再抖掉卡绳。有的鱼卡住后折腾的很凶，经常把周围的水草、卡绳缠绕在一起，称为"撮子"，须用镰把"撮子"割散后再捞鱼。也有早上投卡，隔四五个小时以后收卡的。在气温适当的情况下，卡上多半有鱼。

图8　卡鱼手绘图

下卡的季节：一般冰河解冻后就可下卡，一直到农历十月份以后，冻河前都可使用，春天下卡最多，冬天一般不用。有的年份一直下到冻冰，捯卡时卡绳冻成一条直棍。

下卡捕鱼：原来做卡的人多，五百个一捆，能卖一百块钱。现在做也有销路，主要运往东北地区。捕捞的鱼类多为半斤左右的鱼，主要是鲤鱼或鲫鱼（这种鱼经常是晚上游动觅食，它们看到卡上的食物，张嘴就往里吞）。

注意事项：（1）不使用的时候就把籤拿下来，防止卡头伸不开腰。（2）卡不使用时，一般要晒干，要不卡头就容易坏。

口述：

采访人：邓先生您能讲一下卡的分类吗？

邓志庚先生：有早晨下，下午倒的卡，这种作业方法叫"白日捞"，适合白天下的有鲇鱼、黄瓜鱼卡等。还有傍晚下，第二天早晨倒的卡，适合这种下法的卡有鲤鱼、鲫瓜、鲂鱼卡。

采访人：您能讲一下具体如何下卡吗？

邓志庚先生：下卡之前先看地点，什么样的地点逮什么鱼一般都有说法。比如下鲇鱼卡，有经验的渔民看"咬口"。在苇地边、河道旁，鲇鱼吃食时，在芦苇、马班草的叶子上留下了牙印。从鱼的牙印可以判断出这里大概有多少个、多大个的鲇鱼出没，下卡时就可以有的放矢。

下卡技术高的人会"扎卡"。水中苲草多的地方鱼也多，可是在苲草上下卡，卡食入不了水，鱼也就吃不到，就做了无用功。会扎卡的人一般用一条竹片，把竹片一头削出两个尖儿来，像个小叉子，叫"扎签"。一边下卡，一边用扎签把卡头扎进水中一尺左右。扎得好的又稳、又准、又到位，不影响下卡的速度，扎卡技术的熟练程度，可算是出神入化。

四、钓钩

鱼钩捕鱼需要较丰富的经验，特别是要有高超的钩挂食饵的技巧，所以，用鱼钩捕鱼的渔民较少。鱼钩捕鱼最出名的是何庄子，在调研过程中我们有幸采访到了何庄子下钩人——王转社（图1）。王家二百年前迁到何庄子，世代以下钩捕鱼为生。鱼钩制作工序复杂，制作一把鱼钩至少需要七道工序。

图1　王转社

制作鱼钩的工序：第一步，把钢丝或缝衣针截开，包上棉花点火烧。鱼钩不论大小必须得用棉花烧，鱼钩大的多加棉花，小的少加棉花（棉花线、棉花布也可以）。经验丰富的人知道多少棉花用多大火，烧出的鱼钩不硬不软。鱼钩烧硬了，就会折不动，软了会没劲。

第二步，把烧好的针通过钩必（图2）折成鱼钩（图3）。

第三步，用钳子把多余的针截掉，剪成个劈豁（当地方言），即留下合适长短的鱼钩。

第四步，用钢锉（图4）在钩柄刺槽（图5）刺上痕之后容易绑线。

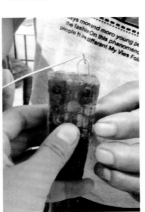

图2　钩必　　　　　　　　　　图3　折钩子动作示意图

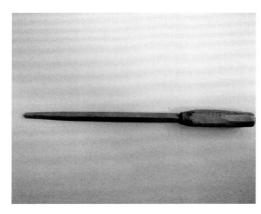

图4 钢锉

图5 用钢锉刺槽

第五步，用香油炒，香油不能烧煳了，炒到鱼钩带上油，挂黑头（把鱼钩烧黑了的时候）的时候拿出来擦一下，然后放凉水里边，过一会儿再把它捞出来，这样它就会变硬还不生锈。鱼钩一年得炒两次，目的是不让鱼钩生锈。

第六步，炒好的鱼钩晾干后绑上口线。

第七步，把口线拴在长线上。

在上述七步相继完成之后，钩子还得用斛皮斛。口线煮不煮问题都不大，关键是长线，如果不斛皮斛，时间长了就发黏、变脆，不结实了。

鱼钩的种类：因捕捉对象不同，使用方法不同，鱼钩分为很多类：有大钩、小钩、杆子钩、粘钩、圈钩、顿钩等。小钩、杆子钩的钩上都有诱饵，饵为小鱼或大青虾，专捕肉食性鱼类，如鲇鱼，黄颡鱼，鳜鱼等。大钩、圈钩、顿钩不挂食饵，主要靠钩尖的锐利，来扎挂底栖大鱼，如鲤鱼等。

线子钩（图6）捕鱼：（1）线子钩捕鱼地点在深水浅水均可，一般在苇地边。

（2）食饵必须是活的小鱼或者小泥鳅。将鱼钩在鱼的侧线上肌部分从后往前穿过，钩尖向鱼尾，露出于体外，这样饵鱼受伤少，不会死亡，如果鱼死了将无法引诱大鱼上钩（图7）。

图6 线子钩

图 7　在鱼的侧线上肌的鱼钩位置

（3）鱼的种类不同，针的大小不同。首先，大小不同的鱼钩逮不同种类的鱼，有逮嘎鱼、鲇鱼、鲫瓜、黑鱼的。最小的钩逮嘎鱼，稍大点的鱼钩逮黑鱼和鲫瓜，最大的鱼钩逮鲇鱼。

其次，逮不同的鱼，放的饵也不同。逮黑鱼的时候就放大点的鱼，比如鲫鱼、黄瓜鱼；逮鲫瓜就放白条，当地人叫黄瓜鱼；逮黑鱼就放小鲫鱼；逮鲇鱼放齐头，齐头长得和黄瓜鱼相似，只不过因水质的关系，现在已经很难见到齐头了。

最后，不同季节逮不同的鱼。夏天逮鲫瓜，春天和秋后逮鲇鱼，农历三月十五以后逮黑鱼。除此之外，还跟地形、水的温度有关系，但是这两个因素全靠长期积累的经验，很难用具体的语言加以描述。他们（下钩人）了解什么地形逮什么鱼。

（4）捕鱼过程。通常下午四五点的时候去下钩，下钩之前在家里，把钩子搭在浅子边上，通常一盘线七八两，能够下一百米，大约一米一个鱼钩，再搭好鱼食（即把饵鱼挂到鱼钩上），一个鱼钩带一个鱼漂，鱼漂通常用的就是蒲草来控制水中鱼钩的深浅，水深的地方鱼漂就挂深点，水浅的地方鱼漂就挂浅点，主要根据苲草的深浅判断，钩在苲的上边，但要有一点距离，因为鱼是在苲的上边走。逮到鱼的时候蒲草就沉下去了，如果鱼漂没漂起来，或者鱼漂东拉西拉，说明有鱼了。到了下钩的地点，把钩好小鱼的小钩放入水中，小鱼便在水中来回游动，当大鱼发现小鱼在游，一口就把小鱼和小钩吞入肚子，鱼钩在此时扎住了大鱼的下颚。第二天早上天还黑着的时候去取，天亮了去取怕鱼跑了，比如鲇鱼，它能把肚子（胃）吐出来，容易把鱼钩下去了。并且还得趁早去卖鱼，去得晚了收鱼的就走了。取鱼的时候得用钥匙（图8）从鱼嘴中取出鱼钩（图9）。

图 8　取鱼钩的钥匙

图 9　鱼钩钩住鱼

杆子钩捕鱼（图 10）：杆子钩捕鱼地点一般在浅水区，通常选择芦苇地周边水浅区域，水稍微深点的时候，芦苇够不着底，就往水里扔，叫下漂。

图 10　杆子钩

鱼饵：小鲫瓜、小泥鳅。

捕鱼过程：用秋后六七尺高的芦苇，剥了皮，把根部削成尖，把线绑在芦苇半截腰上，线在苇根底部，鱼钩挂上小鱼，插在水里，鱼钩上的小鱼就来回摆，大鱼吃小鱼，鱼钩就进入大鱼口腔。隔一段距离下一个鱼钩，几百个鱼钩能下十来里地。鱼钩钩着鱼的时候，远处就看这个芦苇晃或者芦苇的位置发生了移动，因为鱼被钩着之后，鱼就来回拽，鱼底下有苇，鱼来回转，就把苇草缠起来了，鱼就拽着芦苇晃荡。倒鱼的时候拿上镰，把底下的草都割下来，割下来一提喽，鱼就上来了，十来里地的杆子，能倒三四个小时（图 11）。

图 11　杆子钩捕鱼

大钩（粘钩）捕鱼：大钩也叫粘钩，是钩头最大的一种鱼钩。七八月水涨或天气暖和的时候，是放大钩的季节，在大淀、河沟等杂草稀少有流水的地方下钩尤为合适，大钩不放食饵，主要依靠钩尖的锐利。用大钩捕鱼时，先将干线的两头拴在竹竿上，干线在水中拉直，竹竿深深插入水中。为防止钩线浮动，可拴一些小砖块，使其距离水底约 2.5 厘米。鱼常逆水而动，一旦被鱼钩挂住，便要挣扎，越挣扎周边的鱼钩挂的鱼越多，最终不能动转。一般情况下，下钩两天左右便可以按干线收钩捕鱼了。

圈钩捕鱼：用竹条扎成直径约为 20 厘米的一个圆圈，上结大粘钩。五六月份的时候，把圈钩放在黑鱼产卵地区，大黑鱼来守窝时就会被扎上鱼钩从而被捕获，此时黑鱼越晃动，钩子黏的越多（图 12）。

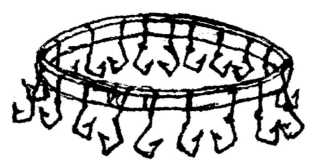

图 12　圈钩

拃钩捕鱼： 多在春秋两季作业，在一根粗绳上系满特别尖锐的钩，将绳子撒到水底，鱼钩会因为自身的重量全附在水底，两船横向拉开距离平行前进，每只船上一人划桨，另一人各攥紧钩绳一头用力拉动，两人协调一致，使钩绳拖在水底向前横行。一旦有鱼被鱼钩钩住，两人会感到抖动，即可收绳捞鱼（图 13）。

图 13　拃钩捕鱼图

口述：

采访人：下钩用的诱饵鱼是怎么做的？

下钩人：在白洋淀扎苇箔捕鱼的人家买一些小鲫鱼，大了不行，小了也不行，要中等的。放在活仓里养，让它活着。等下钩的时候呢，搭在钩上。

被采访人：李金壮先生。

采访人：您能讲一下钓刀鱼（图 14）吗？

被采访人：刀鱼学名红鳍鲌，是洄游型鱼类，鳞白鳍微红，形体长如刀，捕食浮游鱼。钓具用长长的竹竿，类似拉胡琴的老弦系上倒刺钩，搭麦穗鱼或黄瓜鱼为饵。渔民选宽敞少水草的河道作业，一般是站在船头向左用力甩钩，两手握杆向右横向划动，使水中的鱼饵一纵一纵像活鱼逃逸，引诱刀鱼争相捕食，停顿的瞬间鱼饵被其吞食，接下来的一拉，刀鱼就被钩住。凭借手感钩到个体大的鱼，不宜急于起钩，应通过鱼竿横拉竖放，把鱼溜疲后再起钩捞鱼。

图 14　钓刀鱼

被采访人：李金壮先生。

采访人：您能讲一下钓甲甲吗？

被采访人：甲甲学名黄颡，如今饭店菜谱大多称为嘎鱼。夏日夜晚，天上月牙如钩，星光闪闪，水面微波荡漾，凉风习习，在这个时候用垂钩钓甲甲是非常惬意的事情。过去钓甲甲都用针折成的鱼钩，搭蚯蚓、虾仁或小虾为饵，技术性不强，但要有耐心。把船泊在水流通畅的河岸，最好是村边经常有人洗涮的地方，人手一杆或一手一杆，垂下鱼钩只管放松等待。因为甲甲的细牙只为猎食而用，不会咀嚼，会直接把鱼饵和钩吞入胃囊，不用人劳神费力，它自己就上钩了。当持杆的手有拖动的感觉时，再起钩摘鱼。过去钓甲甲不用浮漂，如今有了荧光浮漂，一人可操作七八根鱼竿，可惜鱼比以前少了。

被采访人：李金壮先生。

采访人：您能讲一下钓黄鳝（图 15）吗？

被采访人：在稻田里，雌雄黄鳝生活在竖直的深穴中，时常伸头捕食小鱼虾和浮游生物，进进出出致使周围泥底光滑并有浑水萦绕。钓鱼者用二三尺长的钢丝折成钩锉尖，搭上一段蚯蚓，找到黄鳝窝后将钩伸进洞穴，手持钩上下抖动，感到沉重时提钩即将黄鳝捉住。

图 15　钓黄鳝

五、梭子

被采访人：周小榜，六十四岁。

丝网、粘网是白洋淀渔民普遍使用的捕捞工具之一，各种渔网的制作离不开一个工具——梭子（图1）。

图 1　梭子

渔民在织渔网时，梭子的使用非常频繁（图2）。

图 2　用梭子织渔网

梭子的制作： 第一步，把长的竹筒分成小段（图3）。

图3　锯开竹筒

第二步，把竹筒劈成条状（图4）。

图4　条状竹片

第三步，把条状的竹片从中间劈开（图5），只留外边带皮的一半（带皮的部分结实），再进行简单的削皮。

图5　竹片再加工图

第四步，把竹子表面削光滑（图6）。

图6　削竹子

第五步，削出梭子尖（图7）。

图 7　梭子尖制作图

第六步，用刨子继续削尖（图8）。

图 8　修正梭子尖

第七步，前后端钻眼（图9）。

图 9　钻眼

第八步，在竹片适当的位置钻两个并排小洞，用来做标记（图10）。

图 10　有两个并排小洞的竹片

第九步，放在开水中煮，一直到水煮开为止。

第十步，挖长条（舌子）到钻的两个小眼处停止（图11）。

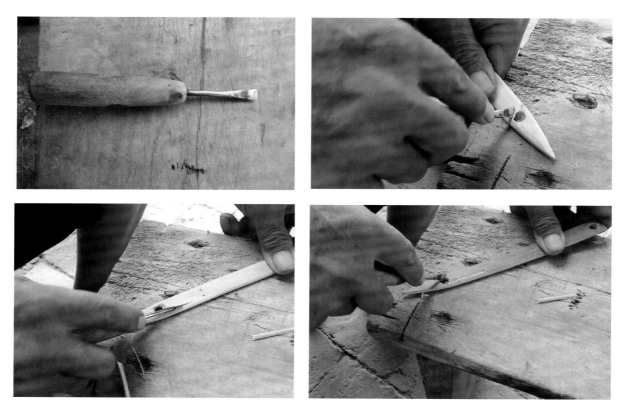

图11　挖长条

第十一步，用小锯把长条里边旮旯角的地方进行修缮（图12）。

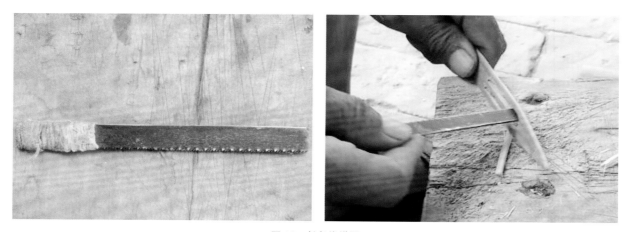

图12　长条修缮图

第十二步，修正长条（图13）。

图 13　修正长条

第十三步，修正梭子前端（图 14）。

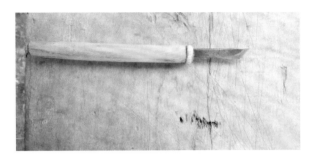

图 14　修正梭子前端

第十四步，整理梭子后端（图 15）。

图 15　整理梭子后端

梭子缠线：用指甲把舌头向外掰，让线顺着指甲进去（图16）。

图16　梭子缠线

梭子的尺寸：有六寸、五寸、四寸五、五寸五等。最大的六寸，通常最小的四寸五，也会有更小的，主要根据老百姓使用的尺寸而定。制作梭子需要使用的工具如图17所示：

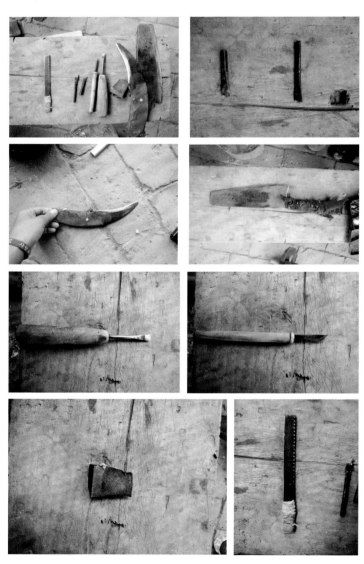

图17　制作梭子的工具

梭子种类： 梭子一般根据上线处分为圆头梭子（图18）和尖头梭子（图19）。

一般喜欢使用圆头梭子的人多，但是也会有人喜欢尖头的梭子。尖头梭子上线处大并且长，容易上线，但是由于尖头梭子出现的晚，大部分人早已经习惯用圆头的梭子，所以还是用圆头梭子的人比较多。

图 18　尖头梭子

图 19　圆头梭子

六、编织丝网

有句俗语是：三天打鱼，两天晒网。这句话现在常常用来形容一个人做事不能够持之以恒。但是这句话的本义是指渔网在使用几天后，必须得晾晒几天，以此来延长渔网的使用年限。因为蚕丝渔网容易坏，不晒不行（图1）。

图 1　晒网

丝网最初用蚕丝织成，故名丝网，如今多用胶丝，笔者仅在大淀头博物馆见过丝网（图2）。因为丝网在水里几乎透明，下到水里，鱼是看不到的。撒到水里后，鱼游过来碰到粘网，或钻入网眼中就被网裹住，鱼越晃动裹得越紧，便成了渔人的猎物。渔网捕鱼是白洋淀普遍使用的一种捕鱼方法，之前最擅长织网、下网的要数大淀头村。

图2　丝网

蚕丝渔网的组成：上边为浮漂，中间为网，下面是底脚，上轻下重，下到水中形成屏障状。网眼的大小、网漂和网脚长短、大小、比重，以及网片的长短高低，是根据渔民长期经验总结而定并无统一的规格。

浮漂：由高粱梃杆制作而成，两端削尖（否则不牢靠），扎网上部（图3）。

图3　浮漂

渔网：由蚕丝制成非常结实，网目以恰好套住鱼鳃为准（图4）。

图4　渔网

泥脚：方圆几个村的泥脚（图5）都取自于西淀头村水下固定的一块黏土地（当地人称之为二节地），二节地的泥是最黏的。由于泥太黏，用铁锹也挖不出来，当地人就想了个办法，从粗竹篙底下挖一个槽，大约三四厘米，将竹篙伸到泥中用力插入就挖出泥了（图6），把泥挖回来后搓成条状，然后切成短条，晒到像面条一样的时候，再和煤放一起用火烧直到烧红了。过去资源少，不可能在夏天烧煤，所以一般都是趁冬天取暖用炉子来烧底脚。

图 5　泥脚　　　　　　　　　　　　　　　　图 6　墩泥

浮标：用一块塑料泡沫一头连接一小竹棍，另一头则钻一小孔，小孔大小正好为小竹棍的粗细，浮标由两个一样的泡沫塑料构成（图7）。

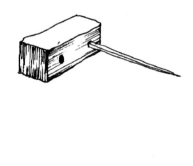

图 7　浮标

浮标用途：一是一种标记，便于渔人看到网的位置。二是可以连接两个网（图8）。三是便于收网。

图 8　连接示意图

图 9 所示上端口字型则为浮标。

图 9　浮标

一般大多使用棉花线将漂跟泥脚缝在网的上下两端。我们通常说的成语"纲举目张",就很好的形容了网的构成（图 10）。

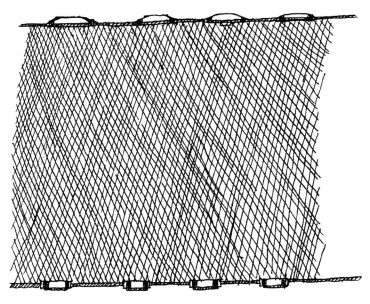

图 10　网的构成

蚕丝制作步骤：（1）在市场上买到蚕丝后用纺车纺线,根据所需纺出相应粗细的丝线。（2）用水泡一宿直至泡透为止。（3）用锅蒸熟。（4）放到框子上在荫凉处晾一会儿,但是不能晾到太干。（5）织网（图 11）。织完网后还需要用桐油刷几次（用质量好的桐油刷几次直到网变成黑色）,刷完后晾晒,在此期间需要拨弄三两回,避免黏在一起。（6）用棉花线的绳子将泥脚跟漂缝在网上。（7）用血料血（常用猪血,通常买晒干的猪血,用时需要用水将其泡开）,也就是把织好的网的两头（泥脚、漂和棉花线）放在猪血里边浸染一下。（8）晾干后再上锅蒸,蒸完后,血就不会掉了。

图 11　织网

　　网弄好后，隔段时间（约八天、十天）看着蚕丝毛了就用槲皮煮一次（槲皮：一种树皮，起牢固作用，使网不容易在水中泡坏，增加其使用年限）。

　　丝网的发展： 蚕丝之后用尼龙线再发展就是用胶丝。在笔者采访时，大多数编织者采用胶丝（图12）。除了网的材料变了之外，鱼漂现多用塑料泡沫制作（图13），泥脚用金属锡和铁条代替，不仅减少了网的编织难度、简化了编织步骤，而且还提高了网的使用寿命。之前大多数用单层网，如今多用三层网，大大提高了捕鱼能力。

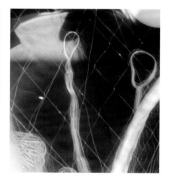

图 12　胶丝渔网

图 13　鱼漂

　　网眼的大小：由于要捕的鱼大小不同，所以网眼的大小也不同，以卡住鱼鳃为准（图14）。普通渔网眼大小（指网节点距离）多为一寸、一寸二。大的网眼按照尺寸计算，小的则以火柴棍作为计量标准，将火柴棍平均分为几份（最少为六份），其中一份作为眼的大小。多用四个半（用来捕黄瓜鱼）、五个、三个半。

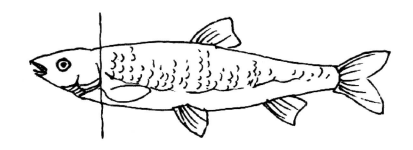

图 14　鱼鳃部位

　　织网所用工具：（1）梭子，主要用来编织渔网（图15）。

图 15　梭子

　　（2）尺棍，主要用来定位鱼漂的位置（图16）。

图 16　尺棍

（3）小尺板，主要用来定位网的大小（图17）。

图 17　小尺板

（4）网箍子，织网支架用来放置渔网（图18、图19）。

图 18　网箍子

图 19　网箍子使用方法示意图

网箍子主要由树杈、网叉子、砖槽组成，主要是等网织长了，用来挂网，从而固定网（图20）。

图 20　网叉子

砖槽，主要用来放梭子（图21）。

图 21　砖槽

（5）鸡毛，在刚开始织网时，鸡毛主要用来固定网（图22）。

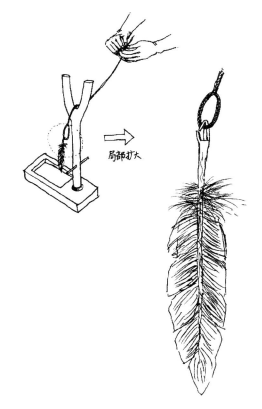

图 22　鸡毛

编织丝网：详见图 23。

图 23　编织丝网

七、丝网捕鱼

作业时一人摇船一人在船头的一侧下网（图1），船一边往前走，渔夫一边下网，技术熟练的亦可一人边摇船边下网。撒网多的时候，收鱼时，先收几条网，把鱼收完再收其他网。（如果网取上来太长时间，网干以后鱼也干了，本身小鱼就是两厘米长，干了就不好摘了）。

图1　渔民打漂纲图

响板惊鱼：

下网的时候，在船头放上石墩子（图2），石墩子上放铁片，用木棍击打铁片，鱼受到震惊则会乱撞，容易撞入网中。比只是下网逮到鱼的速度快。

图2　石墩子

口述：

采访人： 蚕丝网需要三天打鱼，两天晒网，这是为什么呢？

被采访者： 浮子泡时间长了由于太重就浮不起来，就要晒，现在已经没人用了。我小时候跟着父母一直在船上住，十二岁开始下网捕鱼，用那个蚕丝网，以后用棉线网。

采访人： 一般什么时候撒网？

被采访者： 什么时候都撒网，不管黑夜白天，有时候等一晚上；有时候只等一会儿，感觉鱼多了就收网。蚕丝网不太长，高度不到一米，打开一尺多到二尺左右，眼越大越长，一挂就是一套。

被采访人： 李金壮。

采访人： 您能讲讲下网捕鱼吗？

被采访人： 从下网到捯网，中间没有其他作业形式的叫镇网（图3）。网具由长带形的网衣和纲线、网扒搭、网浮子、网脚子组成（图4）。纲线上系着一个个网浮子；两端各拴一个由长方形的小木块制成的网扒搭，其大面有两个孔，一根六七寸长的竹签固定在一个孔中，另一个孔用作与别的扒搭对插或连接；网衣系挂在纲线下面，底部系着一个个坠网的小铁棍（过去用陶泥烧制），叫网脚子。理网时，一手握着一个网扒搭，一手提着纲线一拫一拫穿挂在竹签上，整条网理完后，将两个扒搭对插在一起，就成了这条网的提手。依据一只船上两个人的作业能力，配备网具若干条。下网时一人划船，一人在船头撒网，先拿起一条网，将一个网扒搭扔下水，在拫着纲线一手一手将网扬下。一条网下完后，用末端的扒搭与另一条网的扒搭对插，使两条网连接起来，依次把所有的网下完。镇网多是傍晚布网，次日清晨捯网捞鱼；也有的白天下网，时隔半晌后捯网再下，或是拫着纲线溜一次，有鱼就捞上来，随手把网还下在原处；还有的沿着下网的线路巡视，遇有网扒搭或浮子有异动，显示有鱼上网，则将局部纲线提起捞鱼，过后还将网下到原处。除下网、捯网、捞鱼外，没有其他举动，所以也属镇网。

图 3　镇网捕鱼

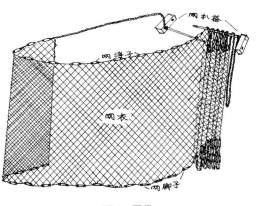

图 4　网具

网具之所以能捕鱼，是因为它下到水中后，依靠浮子上浮和脚子下沉的相反作用力，使网衣垂直展开，形成一道朦胧的障碍，鱼经过时撞网，其腰围比网目小的可以平安通过，腰围比网目大的自然被网箍住，硬往前撞，只能越箍越紧，往后退缩，鳍和腮往往被缠挂，即使摇头摆尾奋力挣扎，头尾也会被网裹住，最后只能坐以待毙了。

被采访人：李金壮。

采访人：您能讲一下渔网的种类吗？

被采访人：由于被捕捞的角种和习性不同，网具所用的线材粗细、网目大小、浮子浮力、脚子轻重都有所不同：

（1）鳑鲏渔网。鳑鲏鱼在春天满肚黄籽，俗称屎包鱼（如今饭店菜谱均称籽包鱼），捕捞网具过去用蚕丝织造，如今用细胶丝织成，属小型网类。春、秋季节在河道及淀泊边沿作业，网脚子略沉些，使渔网布在浅水底层，以捕捞鳑鲏鱼为主。

（2）黄瓜鱼渔网。也属小型网类，用线材质和鳑鲏鱼网一样，只是网目略小，另因黄瓜鱼属上层浮鱼，所以网具使用浮子的浮力要大于脚子的沉力，使网浮漂在水面。夏季在淀边、村边、河道及浅滩处作业。除捕捞黄瓜鱼外，还有柳叶鱼和个小的马根鲢子等鱼。

（3）小鲁网。用粗线织成，网衣高一米上下，春、夏、秋季在河淀边沿或苇草稀疏的横子地作业，网脚子沉底，捕捞对象是鲤鱼、黑鱼、鲫鱼等鱼。

（4）大鲁网。用粗线织成，网衣高两三米，春、夏、秋季在河道及淀泊的深水区作业，网脚子沉底，捕捞对象是鲤鱼、黑鱼、鲫鱼、鲂鱼、鲢子等鱼。

（5）漂网。用一般线材织成，网衣高一米多，春秋季节在水草不多的河道和淀泊作业，网浮漂在水面，捕捞对象是刀鱼、白鲢等鱼。

八、拉大网

拉大网是集体合作的一种捕鱼方式（图1），一年四季均可作业，多用于春、秋两季。一般选择水草不多的淀泊，6到8个人划两只六舱船，每船各自带一半网，到达捕鱼地点之后，用梭子将网缝合成一条长的大网。将网间固定部分（缝合处）首先撒放入水，两条船相背下网，将网撒成弧形，然后逐渐地靠近，同时其他船只在网的四周用手支撑网片，等到靠近之后曳绳恰好撒尽，然后在船的后面插木桩或下铁链固定住船，将网两端的曳绳拴在船中间的轴辘上，两船合力推动辘轳收网。逐渐使网收缩，当浮子和底绳到达船头时，两船除专人继续用脚蹬轴辘外，还有人用手牵曳底绳到船上，底网必须快于

图1 拉大网

上纲，目的是将鱼全部兜在网中，否则鱼会从底纲处跑掉。网在水里形成了一个大兜。此时可用回子捞取网中的鱼，也可以在岸上拉大网。

口述：

被采访人：李金壮。

采访人：您能讲一下拉大网的过程吗？

被采访人：大网属密网类大型渔具。由网纲、网排、网兜、底绳、拖绳组成。网排是一个个长方形木块，间隔尺许排系在网纲上，网兜上部与网纲系在一起，底部系一条用麻拧成的粗底绳，底绳两端各有一条几百米长的拖绳相连，拖绳上每隔几尺或结疙瘩，或扣绳套，以备拉网时挂钩用。拉大网需十几个人合伙作业，选择水草稀少、离岸不远的河道及淀泊，将网一起撒入水中，两边各四五人乘船载着拖绳放绳登岸。每人一个挂拖绳的钩子，有的系在宽腰带上，有的系在拉纤用的纤板上，排成两行，挂住拖绳或前倾身拉，或后仰身拽，使网具慢慢挪动。网排的上浮力、底绳的下沉力和水的阻力致使网兜向后鼓起，形似一个游走的大洄子。拉网的人们不断地钩换绳套，不停地拉拽，直到把底绳拉到岸边，或收拢到中间停靠的船上，几人合力收拽底绳和网排，使网兜越来越小，最后把兜里的鱼聚到一起，用洄子捞入船载的木桶中。拉网捕获的鱼多为白鲦、黄瓜鱼、鲢子、鲂鱼草鱼等。由多人拉拽拖绳牵动网具的方法（图2），作业水域必须靠近田边地沿，拉网时难免踩踏庄稼，损毁田边地貌，容易产生纠纷。而且要不断地挪窝选地，耗时费力，捕获量大受影响。因此，实力强的大网班专门配置两条装有绞盘的大船，每只船上由四人像推磨一样动用绞盘收拢拖绳牵引网具（图3），这样不仅不受作业水域的限制，而且更适宜远离岸边并且水草稀少的宽河大淀中作业。当一轮收网捞鱼的作业结束后，即可就地展开大网，只需两条装有绞盘的船后倒放绳，定好船位后就能连续作业，省时省力，效率提高，捕获自然也就丰厚。拉大网一年四季均可作业。

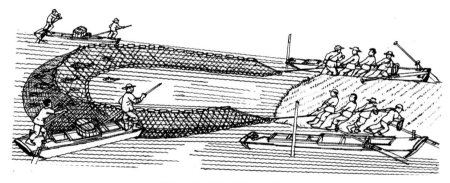

图2　多人拉拽拖绳牵动网具

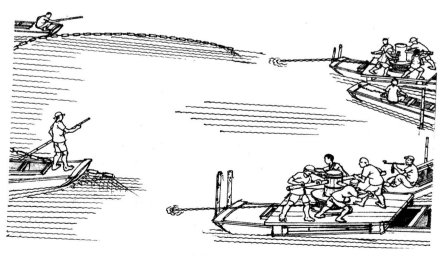

图3　用绞盘收拢拖绳牵引网具

九、打冬网

冬季的白洋淀，水面结满了厚厚的冰，想要大量捕捞鱼类，则需要打冬网（图1）。

打冬网需要十几人一起操作，下网之前，按照经验，选择水底少苲草的地方，用冰床把渔网等工具运到选好的下网地点，用凌枪（图2）在冰上打出两个相距几百米、长约二十米的两条平行的冰沟，分别叫上、下马道（即网的出入口），中间再打一些小的洞口。从绳网两头同时进行作业，在入口处把绳子拴在长竹竿上，从洞口放到冰层下边，用力把竹竿甩到下一个洞口，在第一个洞口接收到竹竿后，再顺势转推向第二个洞口，依次推到下马道，用绳子把网带下去，最后两条绳子在出口处汇合，进行拉网（图3）。拉冬网的人要穿上底部有三个铁牙的冰鞋（图4），边拉边喊号子。众人分段把背带连接在大绳上（图5），采用倒行的姿势。天很冷，但是拉网的人个个都是满头大汗。如果捕获量大，收紧的网兜不能直接出水，要先用回子把大部分鱼捞上来（图6），再拽网到冰面。

图1　打冬网

图2　凌枪

图 3 绳子汇合进行拉网

图 4 穿冰鞋拉网

图 5 绑背带

图 6 用回子捞鱼

十、赶转网

最擅长转网的要数端村，赶转网（图1）作业多在夏季，地点选择在水深一米左右的水域。

所用工具： 网（近两米多高的网，下面贴脚子，上面是泡沫做的浮）、花罩（一米多高）。

图1　赶转网场景图

  赶转网捕鱼： 水中有人用网钳子把网与网连接起来布网，有船跟着递网，用一根竹竿将网的一头固定在水中，沿半圆形（并不是完全规矩的半圆形）轨迹布网；其余人手拿花罩腰上系放鱼的篓子（上边小底下大）在网的前方散开（人可多可少，人多的时候围大点，人少的时候围小点，一个人作业也可以）。捕捉开始时，大家并排着往前走，手持花罩，底口倾斜，前面抬起来往前赶，在推着走的时候，如果鱼进入花罩它会向上拱一下，一旦感觉到有鱼，就会把鱼抓起来放进篓子。这时，布网的人继续前行，使网逐渐收为大半圆、圈形直至网收缩成一个小圆圈为止

（图2）。待推完一圈后，则将外圈的网再承接，收缩网圈，反复推进收缩，直至最后将网圈内的鱼捕完。

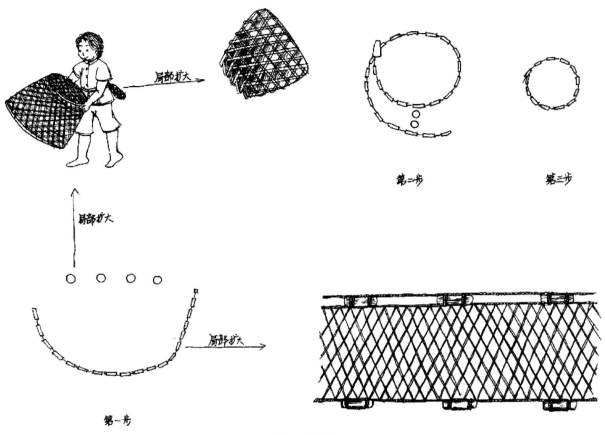

图 2　赶转网

口述：

采访人：这一年四季，您怎么打鱼呢？

赶转网人：春天这个时候，刚开河，抢回子，赶黑鱼。赶黑鱼就是用一条网赶，它是在苇地边上，这黑鱼必须得找浅水晒太阳，它从这深处呢浮到浅水去。浅水呢，因为苇地一面是干地，一面是水，它上来晒太阳。拿着一条网去，上去这么一淌，它往下一跑，就能把它逮了。五六月份水不凉的时候该转网了，主要逮鲤鱼。

采访人：最后咱们把它弄到圈里边就用手把鱼抓上来？

赶转网人：用回子难弄，手多快啊。

采访人：赶转网，您是不是就知道这个地方有鱼？

赶转网人：差不多，能看出来。就是我拿着竹篙在水里捅一捅，然后看那个杂草动不动。如果杂草一动，就表明有鱼了，可以开始下网了。

被采访人：李金壮。

采访人：您能谈谈赶网吗？

被采访人：用小鲁网在稀疏苇地及淀泊浅水处围起一片水域，多人蹚水在里面摸鱼、叉鱼、罩鱼、澎水惊鱼，借助其他渔具和方法一边捕鱼，一边赶鱼上网。晚春及夏季、初秋均可作业（图3）。

图 3　赶网

被采访人：李金壮。

采访人：您能谈谈转网吗？

被采访人：将像大鲁网一样的高衣网具由外向内一圈一圈转着弯布置好后，多船多人用敲响板、跺船板、击打水面、高声喝喊等高分贝噪音的方式惊得鱼在逃散中撞网，一旦发现网浮异动，即提网捞鱼。折腾一阵子后，起网挪地，选择河淀宽敞水深处作业，上、中、下层鱼均能捕获（图 4）。

图 4　转网

十一、旋网

旋网（图1）是一种偏表演艺术性的捕鱼方式。鱼在水里游着，渔夫对准鱼一撒网，鱼就被罩在网中了，收网时只需拉一下手边的绳子，网脚合拢，鱼就被捕上来了，有一句话叫：河里的鱼待不得戚，每次捕多少鱼不确定，如果客人来了，临时到河里捕鱼，有可能捕不到，所以待不得客人。一般鱼多的时候用旋网，现在鱼少了，使用旋网的人也就少了。

图1　旋网捕鱼

被采访人：李金壮。

采访人：您能谈一下旋网吗？

被采访人：旋网用的网属于密网类渔具，由网衣、纲绳和网脚子组成，将其平摊在地上，网衣呈大圆形，网脚套在中间的小圆形，长长的纲绳系在网衣中间。在网脚与网衣的相应部位，每隔一段打一个结，网底就成了一圈网兜。选择水草不茂、水底平坦或是漫坡的河沿淀边作业。撒旋网是技术活，先将纲绳的一端系在腰间，两手提起网衣适当部位，双手配合，前摇后摆、用力把网撒出去，网底在空中呈正圆形扣向水面为最佳。网沉水底后，要稍停片刻，待鱼撞入网兜后再拽纲收网。捕到的上、中、下各层面的鱼都会有，但大个的鱼不多。

十二、捞清网

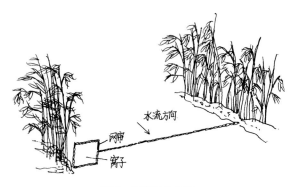

图 1　捞清网示意图

每到涨水季节，河里有了水流的时候。渔民就在河道两边的苇地旁边，搭起一座一座小屋子捞清网捕鱼（图1），当地人称其为扒楸子。清网，是单人捕鱼的设备，主要用来逮草鱼、鲤鱼。

清网一般设在水流通畅的地方，在靠岸的背阳处（最好是苇地边），割去水中的苲草，用网围成一个约一平方米的方形窝子，为了防止鱼从渔网下逃出去，网的泥脚要十分的坚固。并且必须在水流下游处将泥脚踩入泥底，在窝子的上方搭建一个小屋子，既能给渔夫一个比较舒适的场所，也使其在风雨天也能捕鱼，更重要的是如果不搭建小屋制造黑暗的环境，河水会反光，眼睛会看不清楚鱼。在窝子的周边插上些水草，用来隐蔽窝子。在窝子朝向水流的地方，留下一个一尺左右的能够控制开关的网帘，最后从窝子门帘引出一条网一直到河的对面。这样在三四十米的河道上边，用一条网把河道堵死了，仅在网的端口有个门帘可打开让鱼进入（图2）。鱼顺流游动的时候，被网截住去路，会沿着网进入网帘，一旦渔人看到鱼进入，则把帘子放下来，鱼则被困在窝子里边，此时渔人则可用回子或者叉子将鱼捕获。因为清网前期需要做大量工作，往往用来逮大鱼，一天能够逮一百多斤。

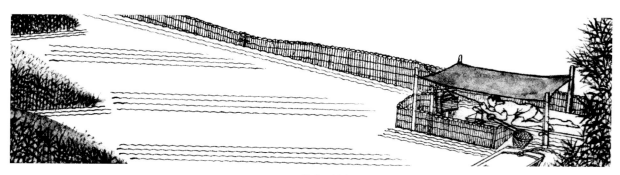

图 2　捞清网捕鱼

十三、二架网

二架网的网分三层到四层，网兜跟网兜是嵌套的，在网兜上的网口处都有铁脚子，用来沉网。网沉下去之后，过段时间后船上蹬管往起收网（图1）。

图 1　二架网

十四、扣大罩

　　白洋淀扣大罩名声最响的要数圈头村。扣大罩捕鱼常在春、夏、秋三季进行（图1、图2、图3），春天可以配合拉大缯捕鱼（详见拉大缯捕鱼），天气暖和的时候则可以单独使用，用来在深水处逮大鱼。

图1　扣大罩捕鱼场景图

图 2　扣大罩捕鱼场景图

图 3　扣大罩捕鱼场景图

大罩的构成（图4）：大罩有十二个罩嘴，一个罩嘴有二十个眼，共有二百四十个眼，网眼有手指头粗细，不到三寸，这都是老人们研究出来的。罩过去是竹子的，现在用尼龙，长两丈六，绕一个圈。罩拐有四个眼，一个眼里一根棍，这四根棍叫边罩柱，其中一根粗的，叫搬罩柱，为搬动大罩时的主杆。两边有口，为下叉取鱼或作为人下水时的出入口。顶端有几根连到罩底的引绳，分四个方位，每个方位是十二根鱼线，两根一股，分成六股，最后到手中六股结成一根，这样成了四根。

捕鱼所用工具：三股叉子、大罩钩、榔头杆子、爆头、大罩（图5）。

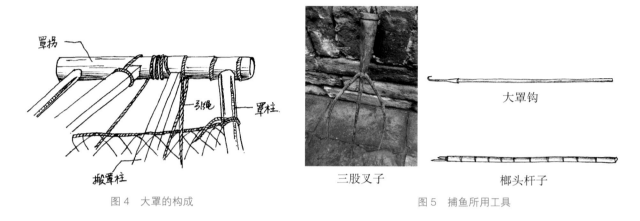

图4 大罩的构成　　　　　　　　　　　　　　图5 捕鱼所用工具

捕鱼过程：扣大罩既可单人作业，也可双人作业。

在扣大罩之前要用爆头墩筋（图6），爆头的头是木头做的，圆形（如果用方形的头墩筋鱼不冒筋），墩筋能够激起水响，这对于鱼来说就跟打雷一样，鱼在水底一惊吓，就跑上来了，同时水面上就会有筋（冒泡），通过看筋判断扣大罩的位置。

乘船技术高的，看着远处有冒泡（一是因为墩筋鱼跑冒泡，二是因为鱼在吃食冒泡），一篙过去，船稳稳地滑去，正好到了，船也停了。整个过程不能喘气，一喘气鱼就发现了。大约在离水底3尺处，应快速下罩，下罩时候也得稳稳地，气得憋住了，又要快又要没响声，要一下放到底，左手按住罩拐，不使罩上浮，并用手指勾住罩嘴引绳，从引绳上感觉出鱼在罩网中的位置，右手用三刺叉从上端留口处伸入水底（图7），依据引绳感觉出鱼的位置下叉，叉住鱼后用大罩钩从鱼腹向上勾住，两个竹秆合并一块提起，为防止挂网，扣大罩用的鱼叉都无倒刺，并且多是三股叉。

图6 墩筋　　　　　　　　　　　　　　　　　图7 下罩

如果是两个人配合，就更绝了，罩鱼的罩扣住大鱼以后，有时需要撑船的渔民压住大罩，及时用网封住罩口，防止鱼跑出来。另外一人潜入水底钻进大罩，这时候潜入水底的人要是意识不清楚，进去找不到出口就会容易出现生命危险，所以还得清楚从哪儿进去的，并且在水中人还要睁着眼看鱼、赶鱼。人要是在水里憋得时间长了，就上来让脑子清醒一下换口气。在水里如果逮到一斤多的鱼，攥住鱼头尾部，那里好攥，一个手就能攥住它了。要是个头大的鱼，那种三四斤、五六斤甚至更大的，两个手搂不住，就用嘴咬住它的嘴，然后用一个手搂着它，摁住它的尾巴，它就动不了了。

根据鱼泡判断鱼的大小： 看水泡基本上都能看出来鱼的大小。大鱼脑袋会压住水泡，水泡往两边分的多。然而也不一定大泡就是大鱼，小泡就是小鱼。有的大鱼就冒几个小气泡，但是漫开的大，越大的鱼冒的气泡越散，但是有的小鱼冒的气泡也大。

鱼的习性： 鱼夏天动作快，不好捕。夏天的时候，鱼不爱在水草里待，里面热，喜欢去水草少或者没有水草的地方。鱼吃食的时候水泡就上来了。夏天藻苲长得高，挡着可以让鱼看不见网。夏天王八苲长得高还严实，王八吃食必须在那个地点才行，等到它不吃了，它就游上来了。六月鱼是脑袋冲下，在苲草上趴着，（苲草）掉了它就跑了，追到底就把苲草抓住了，一吃就冒气泡，不吃了一提脑袋就上来了。鱼也爱玩，吃一会儿上来玩一会儿，玩一会儿再下去吃。鱼爱在早上吃东西，早上十点之前吃的多。

口述：

采访人： 您能详细地介绍一下扣大罩吗？

扣大罩人： 扣大罩这个东西就不好学了。我今年79岁，从七八岁不上学就开始打鱼，从小跟我父亲、哥哥学技术，但是怎么都学不到。从前隔好几米看别人收大罩，一眼就能看出弄得好不好。有些山村的水库里必须得下水摸鱼，因为叉子是三股长，不下水捕不上鱼来。

采访人： 您觉着扣大罩核心技术在哪儿？

扣大罩人： 这要分季节、分地形。那时候那些扣大罩人的技术好，我十二三岁的时候，去文安，我的父亲、堂哥，一天逮了三百多斤鱼，三百多斤鱼就是三百多条。（扣大罩）这个活一个人也能干了，一个人是用篙撑着船，看着鱼过来吃食，大罩一罩，罩完了就该上鱼叉了。叉子是三股鱼叉。鱼经常拱网，这个罩圈时间长了老坏。叉鱼是技术活，靠手腕的劲，劲用得准，叉子叉鱼身上，鱼一扑腾就进鱼身体里了，要是不准，鱼一扑腾就出来了。

采访人： 我们一直在白洋淀，来了很长时间，你们圈头乡是扣大罩，东田庄有抓王八的，邸庄就是下卡，村和村之间分工怎么这么细，各个村都有特点。

扣大罩人： 这个东西我认为，守着什么出什么，比如扣大罩，你的脑子就一直在研究怎么扣大罩。

采访人： 我听隔壁村的人讲，一个叉王八的先生，钥匙掉里面都能叉出来，耳朵灵到这种程度啊！

扣大罩人： 我刚刚说的就是这个道理，这个大罩手上的绳多影响叉鱼的感觉，叉鱼就靠手的感觉，鱼一进来就能感觉出来，一撞就知道鱼多大，在哪儿，这个时候去叉它。当时说是一个胜芳来的，老人们好客，把他请到家里，做几个菜，然后向他们学习了这个技术。白洋淀的水有深有浅，没有我不熟悉的地方，心里就有地图，什么季节哪有鱼，我都清楚。

采访人：罩到鱼后，怎么制鱼呢？

扣大罩人：一把三股叉，用的是出神入化。大罩下到水里，一般是左手罩拐，右手持三股叉，左手拇指搭着四根线，根据线的动静，右手下叉，将大鱼制服。这三股叉，二十斤的大鱼全叉，叉上以后，叉子没有须，用小钩子就提上来了。在大罩上下叉，鱼再一扑棱，就叉进去了，进去以后，这个鱼有多大，钩子再下去，所钩部位全知道。

被采访人：李金壮先生。

采访人：您能介绍一下大罩的构成吗？

被采访人：大罩由竹木三角支架和罩圈、罩网三部分组成。三角支架是三根三米多长的竹竿，上端固定在一尺长的小圆木上，下端呈三角形用铁丝与罩圈固定连接；罩圈是用竹劈折成的直径两米的圆圈；罩网是用粗线织成的上小下大的网筒，下面的底纲用线扎在罩圈上，上面的吊纲系在竹竿上形成一体（图8）。

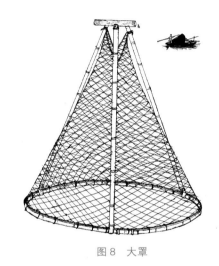

图8　大罩

十五、扣花罩捕鱼

花罩捕鱼（图1、图2）在早年鱼多的时候非常流行，多在春、秋两季作业。首先，扣花罩捕鱼要求捕鱼人身强力壮、眼神好、触感灵敏。其次，要技术高超，手疾眼快。最后，耐性要强，遇到鱼群可以连续作战。花罩可以单独作业，也可以集体作业。花罩在集体作业中是赶转网的重要工具（详见赶转网捕鱼）。

图 1　扣花罩场景图

图 2　船载花罩

花罩构造： 直径 1 米左右，高 1.5 米左右，圆柱形，像个无盖无底的带眼大水桶，花罩的制作者多来自安新县的漾堤口村。花罩全部用竹子制成，先用两根竹条制成两个圆圈，小的圈作为上圈，大的作为底圈。然后用三根竹条，呈三角形上下固定在两圈之上，作为两圈的支架（也有用一根作为支架的）。最后编织六角形的罩孔，即成为上窄下宽圆柱形花罩（图 3）。

图 3　花罩

花罩分类： 花罩大小不同，名字不一样，常分为花罩、二大罩（图 4）。二大罩常常用来罩把子（详见罩把子捕鱼）。

花罩的放置： 详见图 5。

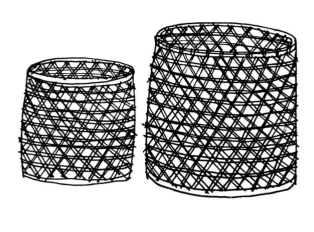

图4 大小不同的花罩

图5 花罩的放置

口述：

采访人：鱼被罩住之后是往上跑还是往下跑？

扣花罩人：不往下跑，它都撞在这个花罩边上。

采访人：用花罩罩住鱼之后，还用叉子叉鱼吗？

扣花罩人：这个不用，用手拿，逮的鱼其实也不大。

被采访人：李金壮。

采访人：您能谈一下扣花罩捕鱼（图6）吗？

被采访人：花罩的罩筒由竹篾编织而成，筒高不足三尺，上下筒圈都是用里外两条竹篾把罩筒边沿夹住，上筒圈直径二尺多，用藤篾或竹篾青缠绕，下筒圈直径二尺半左右，用铅丝扎缚或其他材料箍紧。

渔民多人结伙，选择苲草多、水不足尺的地方作业。在踏水行进中，双手握住花罩上口左扣一下、右扣一下重复劳作，有鱼撞罩或在罩内摇晃，即猫腰伸手，沿着罩底摸捕，捉到鱼就放到腰间系着的鱼篓或网兜内。多人在同一片水域，由外向里围着作业，更有利于捕捞。

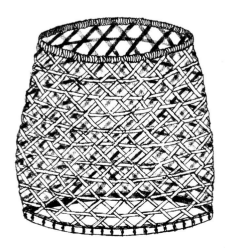

图6 扣花罩捕捞

十六、罩把子

　　5月至7月份在水下比较平整的地方，选择水深两尺左右并且芦苇稀少（鱼喜欢待在有芦苇的地方）的地方，选择一块区域，每隔两三丈清理出一片可以容得下罩底的水面，用大镰刀将杂草去除，用芦苇结扎成的草把，插在圆圈的中心，草把上端扎上水草，涂上石灰水使水草变白，方便夜间捕鱼的时候找到目标。苇把周边放些鱼食（比如：玉米、稻稗、高粱），并且拿竹篙把鱼食杵到泥里去，浮头留个百分之六七十的东西，鱼吃了浮头就钻到河底了。并且拉一根线到水深处，线上也要撒鱼食，把鱼从水深处引到捕捉区（图1）。下午大约四五点的时候开始放鱼食，晚上十二点一过开始撑船捕鱼。等鱼进入区域后水会动，这个靶子就哗啦哗啦地响，渔人就开始用二大罩（比普通花罩大，约五尺半到六尺）以把子为中心下罩捕鱼（图2），鱼多的时候先用回子捞取，然后人从罩口入水摸鱼，另一人则在船上压住花罩，协助罩里捕鱼。捕到的鱼种类多样，一般鲫鱼相对较多。

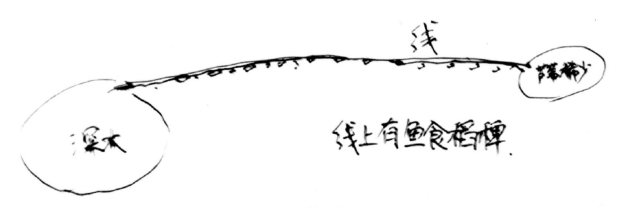

图1　吸引鱼到捕捉区

图 2 罩把子捕捞

十七、晃浑捕鱼

晃浑捕鱼是一种单人作业的捕鱼方式，多在开春之后进行。船上一般放置花罩和竹竿，大多选在苲草稀少且水深不超过两尺的水域。到达场地后，渔民站在船头使劲摇晃船身，同时用脚踩击船板，一边摇一边观察船周围的水面，看到鱼受惊后活动的痕迹，瞅准时机再拿花罩扣鱼（图1）。

图 1　晃浑捕鱼

十八、拉大绠捕鱼

拉大绠捕鱼（图1）是白洋淀渔民传统的捕捞方法之一，最有名的是圈头村。现在驾轻就熟者已不多，如今在白洋淀已经看不到拉大绠的盛况了。

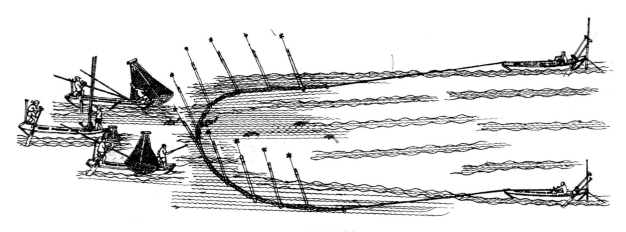

图1　拉大绠捕鱼

大绠的组成：由绠杆、绠绳、绠苗、引绳、管等组成（图2）。

绠绳的制作：把白麻搓捻成为一根中间粗重、两端细轻的绠绳，搓捻大绳时，是把麻五十股绕成十股，绕出来的绳子，一尺是一斤，五十尺就是五十斤。合股时把预先备好的破砖粉末（破砖砸碎轧成面，用筛子过滤一下）或者用碎石块、砖瓦块包裹在麻绳里。绠绳做好后，有胳膊粗细，约四五十米长。

大绠的制作：绠绳上每隔一丈拴上一块砖块，作为坠脚。每隔三尺插一根大拇指粗细，一丈二尺长的绠杆（多为杨、柳树枝，小竹竿），竹竿要绑得牢靠，位置要正，保证大绠下水沉在水底之后，竹竿要直立在水中。竿头露出水面、系上五颜六色的布条或鸡翎作绠苗。

拉大绠捕鱼：拉大绠最好是在立冬下雪后，这个季节，鱼在冷水下面也不舒服，身体也没有那么灵活。这绠一压下去，它也压的慌，鱼一钻下去就开始犯迷糊，有的鱼钻的很深。甚至扣上去

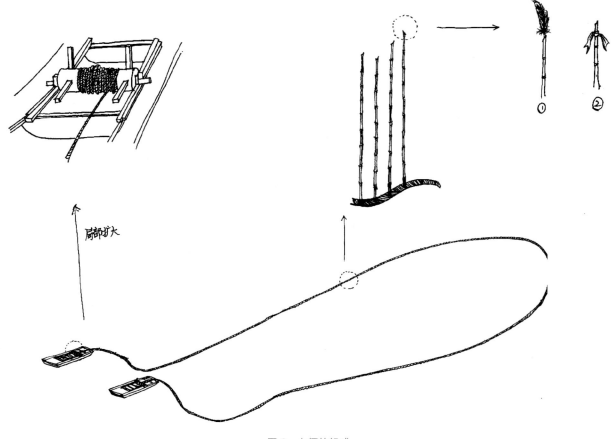

局部扩大

图 2　大缏的组成

罩，鱼还在绳子里面钻着，这时候鱼身体也笨重，逃不出来。拉大缏捕鱼要选择水面开阔、水底平坦、水草少的水深一丈左右淀泊或者大河。选好作业地点，两船各一人放缏绳，将两条百米以上引绳的一端分别与两盘"管"（"管"就像安在井台上打水用的辘轳，辘轳是用手拧动，管是用脚蹬着转）相接，然后将一端分别与缏绳两段相接。将缏放入水并且呈弧形，载有管的两船并行沿直线边前行，一边将曳绳放出，直到将缏绳放尽的时候，将船用铁锚在水中固定起来，一边用脚蹬动管，回收缏绳，缏绳便随之缓缓前行。两只船在缏绳后面跟随行进，船上一人摇船，一人手持大罩观察缏苗，发现缏苗抖动并且带其津液的气泡冒出水面，经久不爆，便迅速下罩将鱼扣住，用三股叉入水叉鱼，后用钩子勾，把鱼提上船。

作业原理：依靠缏绳的重量，下沉接触水底，缏绳前进时，就把水搅浑了，把鱼搅起来了，缏竿在不停抖动，鱼看见这个就以为是有人拿鱼叉插它，就往泥里边钻，然后就碰到绳子，绳子一动，苗竿就会晃，就知道这里有鱼（图 3），用一丈高的大罩罩上，也不用等水清，马上拿叉子叉。另外一种解释：俗话说得好"鱼过三千网，难过一道旋"（旋：拉大缏时的绳子跟竿）。鱼经常见到网，对网不陌生，可以直接闯过去，但是绳子特别粗，一放放到底，每隔一米从绳子上升起一个竹竿，它一看到这个，就觉得过不去，那么一拉绳子，它就往绳子下面钻。

注意事项：缏绳重量宜适当。绳若过重，绳子进泥过于深了，鱼看不到绳子就不会钻了；绳若过轻就压不住鱼。

捕捉对象：鲤鱼、鲫鱼、黑鱼。

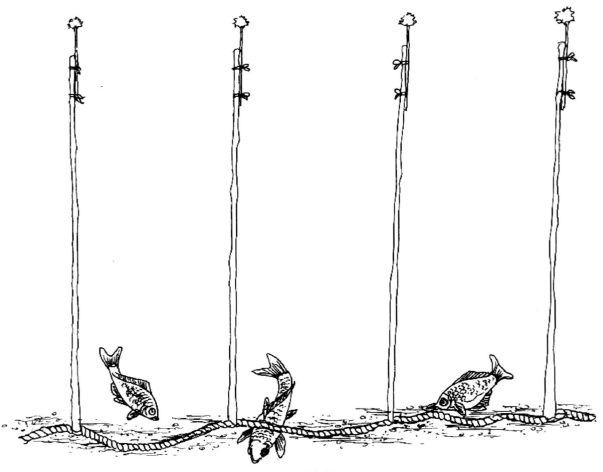

图 3　鱼钻缏绳

口述：

被采访人：李金壮。

采访人：您能讲述一下拉小缏捕鱼吗?

被采访人：拉小缏扣罩是在狭窄的沟壕内作业，只限两人一船扣罩和一人一船蹬管。绞管缠一根引绳，引绳末端分叉与较短的缏绳两端连接，为防止缏绳在进行中并拢，在连接处用一根两米多长的杆子撑开。作业时如大罩下水扣鱼，蹬管的要暂停作业，待捕鱼起罩后再蹬管收绳。

十九、搬罾捕鱼

搬罾捕鱼（图1）是一种古老的捕鱼方式，是个辛苦活，俗话说："勤罾懒网自在箔。"

图 1　搬罾捕鱼场景

构造：用四根支竿绑成十字形挂在一根主竿上，把渔网挂在四根支竿顶端沉到水底（图2）。网是麻线制成的，用猪血浸染，网口有二丈，网目大小不一，小至三四分，大至八九分。

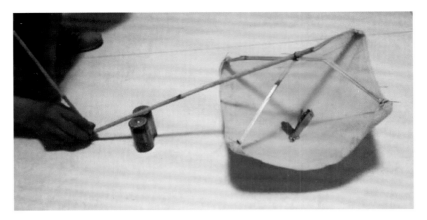

图 2 搬罾示意图

使用方法：搬罾捕鱼需要经常守护，一旦鱼类游到网具上方，要及时提升网具，再用抄回捞取。

使用地点：分为定置和活动两种。定置是在河湖沿岸，固定地点，固定好网，一个人作业便可，大约每十分钟，起罾一次，如果逮到鱼，用抄捞工具把鱼捞上来。活动（图 3）是把罾放在船上，一个人搬网，一个人捞鱼，常年居住在船上的人用这种方法的居多。

图 3 搬罾捕鱼

口述：

被采访人：李金壮。

采访人：您能谈谈板罾捕鱼的具体操作吗？

被采访人：罾是密网类渔具，由网片、网架、杠杆、支柱（或三脚架）和石坠组成。夏秋洪汛季节，两人一大船，选择有水流、无水草的河口作业。由于网片一方离支点远，石坠一方离支点近，依据杠杆原理，没有人为施力于石坠一方，网片自然下沉，铺在水底，过一会儿，一人拉拽按压石坠，杠杆通过网架将网片挑起，一人用涧子把落网的鱼捞入船舱。如果在网片内撒些饵料，可起网更勤、捕获更多。

二十、淘埝子捕鱼

淘埝子（图1）多用于白洋淀周边地区，也是一种捕鱼方法，据说采蒲台淘埝子最厉害。在发大水和干河底的年头儿淘埝子捕鱼的渔民最多。

图1 淘埝子捕鱼

口述：

被采访人：李金壮先生。

采访人：您能谈一下淘埝子捕鱼过程吗？

淘埝子捕鱼分为两种形式：（1）淘干拾鱼。淘干拾鱼是淘埝子中"速战速决，打歼灭战"的方法。在靠近淀边的浅水区，两三个人用铁锹就地挖泥，打埝子围起一片水面，水面大小视当日的作业能力而定。埝子围好后，再靠水深的一侧打一个蓄水淘水用的小围埝，然后在大小围埝连接处的中间开一个漫水口，口上面抹一层黏滑的黄胶泥叫作炕，漫水的深度要按一个人往外淘水的能力而设定，漫水口下面放置一个接鱼的筛子。一切准备好后，一个人站在小围埝中，用盆或桶快速向外淘水，累了换人，不能停歇。由于有人淘水干扰，很少有鱼顺水下炕，因此有的干脆在漫水口前围起一段稀疏的苇箔挡住稍大点的鱼，只有淘干后不易捡拾的小鱼才能随水漏入筛子。随着里面的水位不断下降，埝子承受的压力越来越大，容易出现决口，其他一两人除轮流淘水外，要持铁锹不停地围着埝子巡视，发现漏水现象要迅速堵塞，并将埝子增高加厚，如果处置不及时，埝子决口将前功尽弃。把埝子里的水淘干后，鱼都摆在露天，可携盛鱼器具随手捡拾。但为了提防决埝，动作要快，速战速决。

（2）围困诱捕。围困诱捕是淘埝子时采取"围而不动，以逸待劳"的方法。两人合伙在靠近淀边的浅水区打埝子，围起较大一片水面，隔置四五天后，被围困的鱼憋闷至极，成群结队沿着埝子边沿转来转去找寻突围的口子。一旦捕捞时机成熟，两人开始在埝子一侧靠近岸边的地方向外挖四五米长的沟埝，在沟埝外围挖蓄水坑，另一头与埝子连接处开漫水口作炕，炕下设一把兜囊较大的接鱼密洞子或大篓子。然后两人站在蓄水坑搭着的木板上，各持一根一头兜着桶底、一头拴着系桶的绳子，协力操作水桶向外淘水。因为人离漫水口较远，不会惊扰鱼，所以，漫水口一开，鱼群就会争先恐后纷纷下炕突围，像下饺子一样顺水落入篓子或洞子中。往往埝子里的水位没降多少，鱼早被捕完了。

被采访人：邓志庚先生。

采访人：为什么发大水的时候，水中会有很多的鱼呢？

被采访人：俗话说："有水就有鱼"，白洋淀就是这么个神奇的地方。现实就是如此，只要一来新水，鱼就多得出奇。古语说得好："水是田畴，鱼是籽粒。"要不从古到今，渔民都把捕鱼叫"打河田"呢。只要一来水，渔民就有了希望，预示着渔业该大丰收了。

采访人：那么淘埝子需要选地方吗，还是什么地方都可以淘呢？

被采访人：要淘埝子，先得打埝子，打埝子之前先得选地。选地时，一看地势，二看水势，三看鱼情。地势以平地为好，如果地不平，会存在坑里淘不干净。埝子选址要有一面、两面是堤坝，或者干地更好，打埝子不就省事多了？再看水势，水的深浅程度，在膝盖以上，大腿根以下为好，渔民的行话叫"蹲裆深"。因为水再深了不好打埝子，水浅了存不住大鱼，只淘一点"小鲫瓜""小麦穗"，既不出分量，又卖不上价。看鱼情，是看这片水是死水还是活水。活水鱼多，死水鱼少。此外，还得看水中长的什么苲草，苲草鲜活，鱼的数量很多，个头也大；苲草烂根、水垢多，大多是小鱼，而且数量较少。还有什么苲草存什么鱼等等，这里面门道多着呢！

采访人：那么我们打埝子有什么技巧吗？

被采访人：先选好地方，再开始打埝子，渔民的行话叫"扶埝子"。打埝子不但是个力气活，还得有技术。要争取用最少的土方，在水中扶起最结实的埝子。站在水中挖水底的泥土时，铁锹别出水，把挖起的泥土顺势放在埝基上。这活儿是在水里"摸"着干，眼睛是看不见的。外行人打埝子，只要泥土端出水，就会被水冲没了。泥土在水中乱放，埝子刚堆好，又塌陷了。即便埝子出了水，遇上大风天气，被浪头一涌又塌了，翻来覆去老弄不好。

用埝子围起来的面积可大可小，几亩，几十亩，甚至一二百亩都行，这要根据地形、水深、鱼情而定。扶埝子时，先不要完全封闭起来，要有计划地留几个豁口，为的是先不惊动埝子里的鱼。等到准备工作完毕之后，再把豁口补上。

二十一、浑水摸鱼

被采访人：李金壮先生。

采访人：您能介绍一下浑水摸鱼的捕鱼方法吗？

被采访人：一两个人在水深淹没膝盖的地方摸鱼是徒劳无益的，因为鱼在水中的视力和反应能力都比人强得多。所以摸鱼必须人多势众，以围捕之势，通过多人的手摸脚踩先把水搅浑，这样就等于封住了鱼的眼睛，堵住了鱼的逃路，使其惊慌失措，有的逃匿于水底，有的喘息于水面，再行摸捕就较为容易。摸鱼的人有的推着木盆，有的腰系网兜，两手和小臂抚着水底不停地寻找鱼，一旦发现有鱼，双手就迅速合围。人们踩过的脚窝，是摸鱼最易得手的地方（图1）。

图 1　浑水摸鱼

二十二、卷苲草捕鱼

在苲草茂密的浅水区，人们往往卷苲摸鱼。水底里有苲草（水草），鱼喜欢隐藏在苲草中，选取好位置以后，几个人从四周向中心卷，当卷动出现困难后，人们从埝外转到埝内开始各自摸鱼。因为水面小了，鱼的逃路也被堵死，再摸鱼会更加省力（图1）。

图 1　卷苲草

二十三、出汕

　　白洋淀捕鱼的方法很多，其中"出汕"（图1）是一种古老而复杂的捕鱼方式。它包括春汕、秋汕、冬汕（图2）三种。这种声势浩大的捕鱼方式，随着时代的变迁，已经慢慢地销声匿迹了。

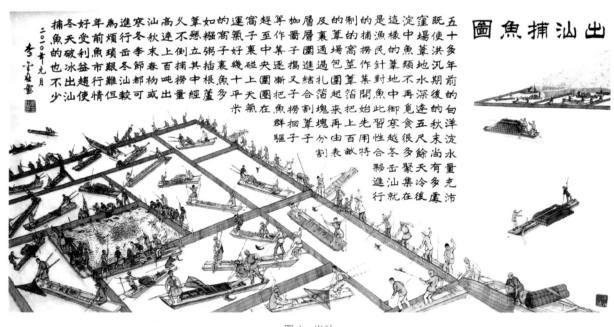

图1　出汕

　　出汕前提条件：水位高，淹没了汕地，芦苇一半在水面下，一半在水面上。

　　作业区域：多为白毛苇地。

　　出汕原理：出汕的地方必须有芦苇。芦苇叶子落在水中，鱼就感到暖和，所以鱼就喜欢在有芦苇的地方活动，这个现象叫鱼上炕。

　　三季出汕区别：好芦苇不出冬汕出春汕，捕鱼最多的是冬汕。

　　出汕步骤：

图2　冬汕

（1）秋汕。深秋季节，秋汕与芦苇收割同时进行。一般选在有苲草、通水通流的苇地处作为汕地。

第一步，把汕地边缘的苇割去，使其成为较有规则的圆形、正方形、长方形等，一般称为套大圈或圆汕。

第二步，落箔。选白洋淀最好的栽苇制作苇箔，落箔时用人较多，两个人一只船，载着若干块苇箔，一天之内必须围着汕地将苇箔落好，苇箔要扎的牢固，苇箔扎好后要抗风，不能被风吹漂了。落箔方法是：先沿圆汕后的芦苇边缘下苇箔，等到把一圈下好苇箔之后（此时有人扶着苇箔），再用鸭板铲沿着苇箔打槽，将苇箔顺势纳入槽子里，两块苇箔上端用细小的木棍连接。

第三步，打结，也就是在落箔后箔内一字排开几条船，各船都有渔民用长把大镰套苇（割水中的苇）和水草。这时，受惊的鱼纷纷向苇地中间逃去。另有一只船在套苇船后下箔，一边下，一边向前划行，直到跟大箔合拢。渔民便用罱子（一种捕鱼工具）夹鱼。捕尽这块苇地的鱼后，再另打一个结，使苇汕的面积逐渐缩小，直到只剩下一小块苇地为止。这时，苇汕里的鱼大多已集中到未割的苇地中，而这一小块苇地又被箔团团围住。白洋淀渔民管这块苇汕叫作"窝子"（就是鱼窝子的意思）。

第四步，挑窝子，一般要放鞭炮庆祝，主要是图一个吉利。为了防止鱼群由于受惊乱撞集中撞开苇箔，便先在苇汕一角围个小圈，然后在苇汕开个小口，让部分鱼钻到小圈内，渔民用回子将鱼捞起。最后，捕鱼、拆箔，出汕结束。

（2）冬汕。秋季芦苇不收割，入冬以后，淀水结冻后割苇捕鱼。

第一步，秋季用箔围起的汕地冻住以后，即可出汕，先用锉刀（前面是一个铁片，铁片下面是支撑力的两个棍子，上面有一块板子）将冰面上的苇苗搓掉。

第二步，打结，在汕地上，大家一字排开，手持凌枪（图3），大家统一开始打冰，从汕箔的一边打向另一边。然后将大块冰板横向开成若干较小冰块，用一根长竹秆横向放置冰块下，两端绑上绳索，用人力拉动竹竿，使苇根杂草与冰断开。将较小冰板条靠两侧的任意一块，再横裁成小冰条。将小冰条掩入旁边的冰板条下露出水。这时众人一字排开，站在冰板上，用大镰割除水底的苇根、杂草，鱼受惊而逃向未破冰区域。水下的苇根杂草打完后，再将邻近冰板条推过来，众人再打苇根杂草，这样一直将每一块冰条下面的苇根杂草打完。而后用苇箔沿冰边沿捆绑，使鱼不能逃回原处。用同样办法再打节，直至打剩窝子为止。其他捕鱼方法与秋汕相同。

图3　凌枪

（3）春汕。秋冬两季未割苇治鱼，春天开了河之后进行出汕的叫春汕，捕鱼方法同秋汕一样。

口述：

采访人：春天一般是怎么出汕呢？

出汕人：三月初，春天一开了河。这一千多亩芦苇荡，五米一块箔连续圈上，今天拉一块，明天拉一块，后天拉一块，十来天就成正方形的了，干得快了，一天干这么一块，最后在这个正方形的地方留个口，鱼就往这里头钻，有这么大的回子，能捞一百多斤，打上三五次这一船鱼就满了。

采访人：出汕的时候用什么赶鱼呢？

出汕人：用罱子，你一赶那鱼就走了。出汕范围可不小，白洋淀就有几十个淀，比如说这个淀面是你们村的，你们村负责出汕，那个淀是他们村的就他们村负责出汕，光我们一个村就是十几个汕，一小块儿分着出。出了汕以后，用拖床把鱼拉回来，那个拖床将近三米多长。

采访人：咱们出汕一般多长时间一次？

出汕人：一般冻河以后就开始弄苇箔，咱们是冬天出汕最多。出汕时间一般按天计算，有十个八个人一起商量好什么时候出汕。汕不能损伤，必须得有人看汕，晚上白天都看，看汕就在船上睡觉。苇箔一直都在水里面，把鱼捕完后，就把那苇箔给收上来。

被采访人：李金壮先生。

采访人：您能讲讲出汕捕鱼吗？

被采访人：出汕是几十人甚至上百人合伙作业的大型捕鱼活动。出汕用地多是经济价值不高的汕柴苇地，面积小的在一百亩左右，大的几百亩或上千亩；这样的苇地高度比淀底高几尺，比高场苇地低几尺；地势平坦，没有沟壑等人工雕琢的痕迹，是鱼类避浪防寒的最佳水域。春季和秋季出汕的方法是一样的，出草汕（皮条草、蒲草）和出苇汕也大致相同。

被采访人：李金壮先生。

采访人：您能讲讲春秋出汕捕鱼具体过程吗？

被采访人：出汕的第一步是用两米左右的窝茎苇箔将整个场地包围起来，这叫扎箔，两人一船，多船分段作业。每只船都满载汕箔，由于每卷汕箔根部经常拖泥带水，分量偏重，所以在船上横向码放的汕箔，顶端都伸出船舷，这样不仅能保持船体平衡，而且便于扎箔作业时人站立和行走。扎箔时两人通力协作，将一卷箔垂直入水，沿着船舷捯开，各用一根木杆下端安有板条的捣板贴着箔根在泥底捣出一条缝隙，将箔根插入其中，再用捣板将箔顶拍平。这样一卷接一卷连续作业，在两卷箔的接口处，两边重叠用竹签插好。汕地周边扎好围箔后，开始从箔边向里扎一道两丈多长的横头箔，将靠围箔一周的汕地分割成若干四五丈长的间子。然后从一个的间子开始先把芦苇割掉，多人多船在里面枷篱子、捣鱼叉，不在乎捕鱼多少，目的是把鱼往里面驱赶。折腾一阵后，别人转移到第二个间子，箔船上的人迅速把第一个间子扎箔封堵。这样依次把沿着围箔的间子都打理一遍后，等于围着汕地又扎了一层围箔，接着用同样的方法进行下一层的作业。只有扎好第四层围箔，才能拔掉外层的围箔和横头箔，这叫挑间子，既满足里层用箔的需要，又保证外围至少有三道防线，用以应对恶劣天气和漏鱼、漂箔等意外情况。用这样块块分割、层层围进的方法，逐

图4　出冬汕

渐把鱼群赶至中央，围困在窝子里。这时就到了出汕的关键时刻，为防意外，围窝子的箔要扎好几层，周围使用多根戗杆支撑。守窝子的船上增人值夜，天气不好，晚上更要多人多船值守。以前几十平方米的窝子里鱼非常多，插根芦苇悬立水中经久不倒，从水面到水底全是鱼。挑窝子时，四周各靠一船，船上除护箔的、挑鱼的、揽船的几人维持外，另有几个年青力壮的小伙腰扎红褡包，轮流捞鱼。捞鱼操作的两个壮汉一个端涧子，一个搭手提兜，不停地把鱼捞入船舱，旁人为其鼓劲高声呐喊"壮腰！"捞满一舱又一舱、捞满一船又一船。此时人人兴高采烈，欢笑声、喝彩声不绝于耳。载鱼的船只排成长队，出个好汕捕捞量可多达上百吨。过后要唱大戏、接亲戚，像过年一样喜庆热闹。

被采访人：李金壮先生。

采访人：您能讲讲冬天出汕捕鱼具体过程吗？

被采访人：出冬汕（图4）先由多人分段围着场地用冰镩凿开冰沟，扎箔圈起来。再有人用锉刀由外向里，层层把露出冰面上的半截芦苇割倒，并搂敛捆扎，清理干净。同时有人持冰镩在加工过的冰面上开凿与围箔平行、间距两丈多长的冰沟。冰沟开通后，另有两人取一条三丈多长的铁链，在围箔拐角处，把铁链中部横向套在冰层下面，一人沿着围箔的冰缝，一人沿着新开的冰沟，各持铁链一端，像拉锯一样，捱来扯去，这叫拉索，是为了把水下的苇茬与冰面割离。然后用开沟或裁板的方式，把冰沟分割成若干三四丈长的条块，每块的间隙都扎上横头箔，隔成一个个的间子，再把每个间子的冰面裁成两三块。然后从靠边的间子开始，将一块冰面掩到另一块下面，腾出一片水面后，依次在各块冰面上割苇茬、枷罱子、捣鱼叉，把鱼向里层轰赶，这样一间一间、一层一层把鱼赶至中央，围起窝子。冬天出汕受天气的影响不大，但夜间也要有人值守，既要防止有人私自捕捞，还要时常用木榔头敲碎围箔两侧受冻的薄冰，并用一把叫捞凌的铁网抄子把冰捞出水面，以防止箔缝冻实影响白天作业。捞凌是辛苦活，长夜难熬，直到天明有干活的人到场后方能回家休息。汕地还要有备用船只，由冰床驮载到场，一是为给值守人员提供防风避雪处所；二是因为靠近汕地中央，鱼的密度大了，受水温水流的影响，冰层变薄甚至融化解冻，需要用船承载人们作业。挑窝子捞上的鱼都由冰床、荆编或苇编的箩筐装载。

被采访人：李金壮先生。

采访人：您能讲讲出苲汕捕的鱼具体怎么分配吗？

被采访人：出苲汕的罱子班不但要等算出力的人数，还要把所需的苇箔算股份登记列账，最终既按人的出勤天数分红，也按箔股数量分给相应红利，这样的罱子班也叫箔账班，是专门出苲汕的。过去苲地都是无权属的公家财产，大小淀泊到处都有，所以出苲汕不需要大面积围地、占地，都是一日一清，速战速决。

二十四、打箔仗

夏季一种大型的捕鱼方法就是打箔仗。在白洋淀，根据经验选择鱼多的水域，先用苇箔插成大一点的圈，隔四五米左右放一个大密封。十人左右，每人拿着一根两米长的木棍，入水棍子尾部钉上一块大约十厘米左右的方木，喊着劳动号子拍打水面，让鱼往密封中钻，四周的箔再慢慢地往里收，一直收到最后（图1）。

图 1　打箔仗

二十五、夹罳子

　　夹罳子（图1、图2）是白洋淀渔民经常使用的一种独特而古老的渔具捕鱼法。首先，需要渔民以犀利的眼光发现鱼情。其次，渔民要反应敏捷迅速下罳并且动作稳准，将鱼夹在罳包内。最后，要有足够的力量提举罳子。因此，这种捕鱼法大多都由经验丰富的壮年男子进行。冬天还可配合打仗子（详见打仗子）、出汕（详见出汕）一起作业。至今，罳子仍是白洋淀渔民广泛使用的捕捞工具。

图 1　夹罳子均景图

图2　船载罱子

使用季节：一年四季可以使用。

使用地点：水深浅均能作业。罱子不仅适应白洋淀复杂的地形，而且既可以单独作业，又可以多人联合作业（图2）。

捕获鱼类：用于捕捞各种鱼类，每一个渔民每天可以捕获十多斤鱼。

渔具构造（图3）：罱子由白洋淀渔民自己制作（图4）。

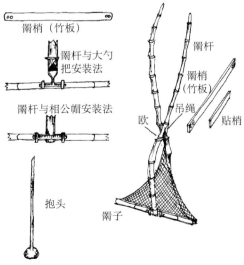

图3　渔具构造

图 4　罩子

　　网身：由两片三角形的网组成，网尖端吊在两根竹柄的交叉处。

　　口罩：由竹子制成，竹皮向外，共两根，两端系在一起。

　　罩棍：它呈弯曲形状，一端绑在罩口上，两根罩棍的交叉处用叫作"偶"的牛皮条绑在一起。制作时，先用火烤竹竿需要弯曲的部位，烤热后将其弯曲到所需程度，然后再用冷水浸泡，使其不易变形。

　　渔具存放：把不用的大罩杆、罩包分别保存以节省空间，待用时再重新组合起来。

　　使用方法（图 5）：日出的时候，行船外出打鱼，选择适宜藻类生存的水面，渔夫手拿罩子，在船的一端，等到看见鱼时，将竹柄拉开，让网口张开，罩住鱼之后，将手柄合上，使网口关闭，如果夹入了杂草，则在水里晃荡几次，冲洗干净之后，将网提上来，取出鱼类。罩鱼的最好时机是冬天和早春，这个时候水冷，鱼窝在水下不游动，好罩。

图 5　夹罩子场景

罱子不仅可以罱鱼，还可以罱田螺。雨天水中有些缺氧，田螺会往水上层爬，所以越是雨天，夹的田螺越多。

罱子的种类：按照罱子的大小分为大罱、二罱、窝罱（小罱）三类。使用方法完全相同，仅尺寸大小、使用季节，捕捞对象、方法有所不同。

尺寸大小：罱梢子与罱包底纲的长度大体一致，大罱罱包最大两丈四，二罱罱包一丈左右，窝罱（小罱）是四尺半到五尺。

使用季节：大罱跟二罱多用于夏季跟秋季。

窝罱（小罱）：一年四季都可以用。

捕捞对象以及使用方法：罱子越大越费力气，需要的技术多一些，但是一次捕获量相对较多。小罱轻便灵活，对目标的针对性较强。大罱跟二罱用来夹小鱼，不会深入水底，否则夹入泥之后太沉，提不上来。

窝罱（小罱）与墩筋配合：窝罱用来捕捉鱼，可以深入水底。在罱鱼之前先用抱头击打水面，鱼受到惊吓就往水下泥里边钻，不同的鱼会留下不同形状的水泡，渔民则根据水泡判断鱼的位置，用罱子夹获。在冬季与早春则与出汕配合，进行作业。

鱼类逃遁时留下的迹象特征：

草鱼：常现出一条直线水痕。

鲤鱼（拐子）：有小水泡花翻起。鲤鱼游动爱拐弯，所以有时冒出一条弯曲的水泡。

鲫鱼：有小水泡，唰的一声，音响清晰。

蚌瓜：有大小不齐的水泡，鱼的行动比较迟缓。

口述：

采访人：罱子的网跟普通的丝网有什么区别？

讲述人：罱子是一个三角形的网包，上部小、底下大；底下面积大，上部面积小。其与普通丝网的织法相同，不过它形式不一样，丝网的网眼大小是固定的，罱子不是固定的，一开始十个网眼，后面网眼缩小，数量不断增加。如果罱子网破了，就在船上修补一下（图6）。

图6　修补罱子

被采访人：李金壮先生。

采访人：您能谈谈罱子的构造吗？

被采访人：罱子是一般渔民必备的渔具，它的主要构件是罱棍、罱包和罱梢。罱棍是两根经过水浸火烤形成的钳股状竹篙，中间用牛皮条缠绕在一起。罱包平展在地面，像是两层叠在一起的三角形网片，提起其顶部，使其底部完全张开，又像是一个圆锥形网罩。罱梢是两根打磨光滑的竹劈，两端钻孔用皮条扎在一起，中间部位各贴一层竹片，使其更加坚挺。在两根罱棍根部各安装一个铁扒头，用铁箍把罱梢的中间固定起来，罱包底纲与罱梢用多根线绳捆扎，罱顶用吊罱绳拴在一根罱上，这样，罱子就成了一个有机结合的整体。

采访人：您能谈谈漫夹吗？

被采访人：多船聚集在一片水域用两个罱子夹鱼叫作漫夹（图7）。不管水下有没有苲，有没有鱼，只顾一罱接一罱地操作，看似无目标，实则就是把水搅混，以围捕之势迫使受到惊吓的鱼乱游，以利捕捞。在平常情况下，这种场面虽然船多人多，但各有各的空间，相互之间不会干扰，每只船上操罱人不紧不慢，不厌其烦地摆弄着罱子，划船的人漫不经心，很少动作，远处看只是许多人在干活。唯独一次我经历目睹的场景，五十多年仍历历在目，难以忘怀。一九六四年初春，因为水大，多种鱼类齐聚白洋淀，其中有两种鱼习性特别，就是红腮（学名鲴）和齐头（学名刺鳊），它们都喜好集群活动，从水面到水底，一个挨一个，像鱼坨子一样旋来转去。那天我和父亲一船在村南李家淀夹罱子，忽听有人喊"红腮坨子"，只见距离我们六十多米远的地方，有几只船急向一处聚拢，其中一只船上先下罱子，罱棍入水半截就往上拽，鼓鼓的罱包里满是鱼，难以出水，只能割开罱顶用泗子捞，一次捕鱼就有七八百斤。与此同时，其他几只船也纷纷下罱，有的也捕上百斤，需两人合力将罱子抬上船。附近的渔民见状都迅速划船奔去，开始一罱子也能捕捞二三十斤。瞬间上百只船挤成一片，罱棍罱片上下翻飞，人影、桨影起伏错落，船舷的撞击声，水浪的拍打声，人们的呐喊声不绝于耳。其场面异常热烈火爆，蔚为壮观，远看像杀气腾腾的战场，令人震撼。

图7 漫夹

二十六、打杖子

白洋淀冬天捕鱼，有一种集体作业方式叫作打杖子（图1）。

图1　打杖子

作业方法： 在冬季冰冻结实之后，白洋淀的渔民普遍使用打杖子捕鱼。在确定好捕鱼区之后，大约需要二十几个人一起作业。作业时，在老糟（图2）的号子声中，大家统一动作用凌枪开冰，老糟是开冰时的总指挥，喊号子时就像指挥家一样手舞足蹈，一会儿左、一会儿右不停地走动，口脚一刻都不闲着，虽然没有什么力气活，但是也很累且容易出汗，所以常常光着膀子。大家统一动作打凌枪，容易把冰剁成整块。凿出缝隙之后，将苇箔顺着缝隙插到水底的泥中，把捕鱼区的四边都围起来。在捕鱼区内，将冰面凿成长方形的冰条。将一根长木棍横放在第一块被打开的冰条下，

图 2　老槽

木棍两端都拴有绳子。多人一起合力拉动木棍，从冰条一端拉向另一端，使冻在冰里的芦苇、杂草与冰脱离。然后大家把第一块冰条推到捕鱼区外冰下边，空出来的水域是捕鱼的区域和预留出的后期移动冰块的空隙。用苇箔沿第二块与第三块冰条之间缝隙插入水底，防止第一、二冰条区域的鱼逃窜，人们在第二块冰条上一字排开，一起在预留的水域中，用罱子捕鱼。一段时间后，人们把第二块冰条当做船使，使其占领第一块冰条的位置，人们转身，在重新现出的水域中下罱捕鱼。这水域的鱼被捕完后，便进行下一个水域，直至将鱼捕完（图3）。

图 3　破冰捕鱼图

作业时间： 天明了就要开工，晚上才散班，作业一整天。在早晨八点钟就得把冰切开，否则冰就不脆了（冰的特性），冰黏在一起反而不容易打开。

二十七、回子

回子是淀区渔民最常用的一种工具之一，根据不同的用途有着不同形态的回子。虽然形态各异，但是其原理是相同的。渔人把回子伸向目标，需要准确并且迅速，然后有的是往上提，使回子露出水面，有的是需要往回拉从而掩闭网兜的口，使捕捉住的鱼虾不能逃离网兜。

抢回：抢回制作抄捞渔具的原料，主要是竹竿、木棍、柳条、铁条、棉线绳、麻绳等。

抢回（图1）是淀区渔民使用最广泛的一种回子工具，多用于初春、秋后、冰封后作业。

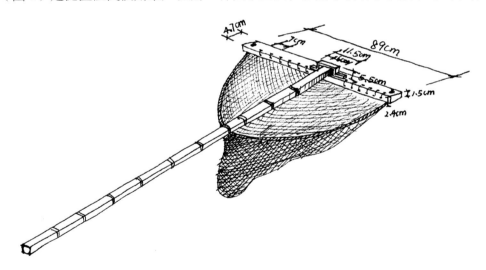

图1　抢回

冻河前至开河：选择水底比较平坦的地方。作业时渔民站在岸边，将回子的舌头贴岸下水，贴水底向深水中推进，至所能到达的最远距离，然后迅速拉回，并将回子拖上岸，取出鱼。在这一操作过程中，必须小心回子不能入泥，否则回子将太重，难以操作。

冬季冰冻坚实后：用凌枪将冰面打开若干个洞，然后用抢回捕鱼（图2）。

捕捞对象：鳑鲏、泥鳅等。

图 2　冬季用抢回捕鱼

端江子回：多用于麦收前后作业。此时正是黑鱼产卵的时期，针对这一特点，主要用来捕捉刚孵出来的小黑鱼（俗称"江子"）。雌雄大鱼为了防止自己的小鱼被伤害，常常带着小鱼一起捕食，此时划一只小船，专门找江子吃食的地方，待看到大片的泡沫时，迅速下回子捞取，小黑鱼则被端进了网兜里边（图3）。

图 3　端江子回

端黄鳝回：多用于7、8月作业，常常用来逮鳝鱼。鳝鱼喜欢出入在因堆积时间久而内部腐臭的水草堆，针对这一特点，用回子将目标水草整个端起，再用木棍拍打水草，使鱼落入兜内（图4）。

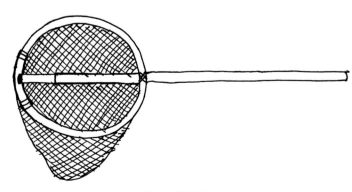

图 4　端黄鳝回

96

　　端把子回（图5）：多用于7、8月作业，利用此时鱼下卵的特点进行捕捞。选大淀、大河沟无杂草的清水区，水深大约六七尺（鱼不喜欢在苇草丛生的浅水、混水处产卵）。取红根苲或者小叶子苲结扎在苇把一端（不可以使用其他种类水草，由于鱼爱闻这两种水草的味道，所以常常在这些水草中产卵）。杂草下端结一长绳，在绳头处拴一石块，用来固定把子，使草把入水后成伞形倒立。大约晚上十来点钟两人或者一人划船来捕鱼，天虽然黑，但是不需要点灯，在白水上出个苇子是很容易识别的。轻轻划动船只不能有响动，到跟前的时候用端把子回凹处对准把子的长绳上端迅速捞取（图6）。由于鱼下卵时候，雄鱼会陪着雌鱼，所以经常可以一次端两条。

　　捕捞对象：鲫鱼。

图5　端把子回

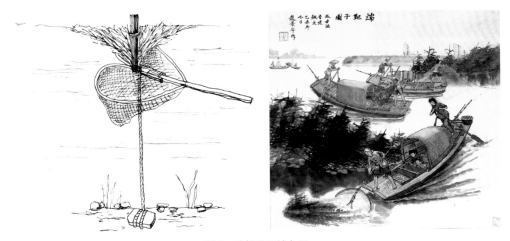

图6　端把子回捕鱼图

二十八、叉子

　　白洋淀水乡的一对夫妻：夏小辈（图1）、陈大远（图2），男捕女编，日出而作，日落而息，是传统水乡夫妻的幸福生活模式。夏小辈是淀里捕鱼的高手，自打小就打河田（捕鱼，当地人叫打河田），他可以自己一个人扣大罩，最擅长的要数叉鱼。虽说是简单的叉子，但是不同的季节，不同的场景，叉不同的鱼，需要不同种类的渔叉。渔叉分为有须跟无须（图3），有须能更加结实地叉住鱼。家里的渔叉均是夏小辈自己打制的（图4）。

图1　夏小辈

图2　陈大远

图 3　须

图 4　五种类型的叉

　　三叉子（图 5）：用途广泛，二十斤的大鱼都叉，叉上鱼以后，因为叉子没有须，鱼就跑了，所以必须用钩子（图 6）配合着使用，常用于扣大罩的时候。

图 5　三叉子

图 6　钩子

　　灯笼叉、多头叉：多用于叉晒捕鱼，这个叉子并没有须，但是因为叉子上的头多，插的鱼的部位多，一旦叉到鱼，鱼就无法逃脱（图 7）。

图 7　灯笼叉、多头叉

七股叉（有须）：多用于出汕捕鱼（图8）。

图8　七股叉（有须）

七股叉（无须）：冬天在冰上凿个窟窿眼叉鱼，可以叉一斤多的鱼（图9）。

图9　七股叉（无须）

五股叉（有须）：详见图10。

图10　五股叉（有须）

二十九、叉晒

每年五六月份，白洋淀水的温度升高，这时，鱼就会漂浮到水面。白洋淀人们还常说："鱼不晒鳞不吃食，黑鱼不晒鳞不交配"。此时就会有渔民直接用鱼叉叉鱼（图1）。

图1 叉晒

渔民看到水中的鱼后，叉不能直对鱼身，而是对准鱼头。因为叉一接触水面，水就会有响动，鱼习惯向前逃去，同时因为鱼在水中，人看到鱼的位置会有误差，所以对准鱼头扔叉，正好叉中鱼身。

三十、照灯叉鱼

捕鱼工具：汽灯、鱼叉。

在春初或秋末，随着水温不断上升，鱼类活动量逐渐加大，都爱在水深一米左右的区域活动。白天鱼的行动快速，渔民难以捕捉，晚上相较白天鱼的行动迟缓，并且鱼类有一定的趋光性，渔民便常常在晚上用照灯捕鱼的方式进行捕捉。

出发之前需要在船头安装汽灯，将竹竿或木棍的一端窝在前舱的面梁上，另一端伸出船头约3尺，下方用木棍支撑，挂上汽灯，挂好后汽灯距水面约30厘米。

夜间鱼类喜欢跑到芦苇地寻觅食物，到了作业场地，渔人手持鱼叉，站在船头，通过灯光照射，一旦看到鱼的行踪，立马用手中的鱼叉进行捕捉。

捕捞对象：鲤鱼、鲫鱼、草鱼、黑鱼、鳜鱼等。

口述：

被采访人：李金壮。

采访人：您能讲一下照灯叉鱼吗?

被采访人：春初或秋末，鲤鱼、鲫鱼、草鱼、黑鱼、鳜鱼都爱在水深一米左右的区域活动。白天的鱼都敏感活跃，在苇茬、水草的掩护下窜来窜去，人的视觉靠自然光很难锁定其位置。于是，渔民就在晚上使用照灯叉鱼的方法，将竹篙或木杠的一端窝在前舱的面梁上，另一端伸出船头，把点亮的汽灯（以前没有小发电机和蓄电池）挂在船前。到了作业场地，渔民站在船头，一面持叉慢慢撑船；另一面向灯光照射的水下扫视搜寻，看到鱼的行踪，手起叉落，挑鱼入舱（图1）。

图 1　照灯叉鱼

三十一、叉吧嗒嘴

口述：

被采访人：李金壮。

采访人：您能讲一下叉吧嗒嘴吗？

被采访人：天气闷热的暑伏季节，鲤、鲫、鲂等鱼常因水下缺氧游到水面来，鱼唇出水不住地吧嗒。渔民发现后划船慢慢接近，技术好的渔民可像叉晒一样远距投射鱼叉；对自己技术不自信的渔民，可在不惊跑鱼的前提下，尽量离鱼更近一点，再投射或直刺。

三十二、叉汕

被采访人：李金壮。

采访人：您能讲一下叉汕吗？

被采访人：出汕是合伙人利用扎箔由外向内层层围赶、集中捕鱼的方法。为了防止里层漏鱼和外人干扰，外围至少有三层箔围圈，只有合伙人才能在圈里作业。叉汕技术性不强，要靠体力和耐心，前探身子，甩开膀子，手持鱼叉不停捣来捣去，因此也叫捣汕（图1）。叉中小点的鱼提叉时会感到发沉，即刻挑叉上船；叉中大鱼叉杆抖动，手感强烈的不要急于起叉，应一手用力下按叉杆，一手抄另一杆鱼叉补刺，用两杆叉将鱼挑起入舱。有时候，有渔民不愿一起搅浑水捣鱼，而是找僻静处沿着箔边用手掌似的小叉刺中鲂鱼。

图 1　叉汕

三十三、苫板叉鱼

被采访人：李金壮。

采访人：您能讲一下苫板叉鱼吗？

被采访人：冬季腊月，水面冰层逐渐增厚，渔民们自发地组织起来，进行叉苫板的捕鱼活动。选浅水的苇茬地或茡草地，每人一段用冰镩开沟，在冰面上分割出长几十丈、宽一丈五尺左右的一片作业区（面积视人多少而定），再由几人横向列队同时镩起镩落，栽成若干块纵向排列的长方形凌板，因其像建房铺顶用的苇苫，故称苫板。大家协力用镩或篙丫将第一块苫板掩到旁边的冰层下就腾出了一片水面。渔民们持叉登上第二块苫板，分别站在前后两沿，前沿的人只管见鱼叉刺，后沿的人叉鱼的同时，还要用叉慢慢撑动苫板，大家一起起哄惊动藏鱼，以便发现鱼的踪迹。这块苫板靠边后，大家都从两边转移到另一块苫板上，在前一块苫板腾出的水面下继续叉刺捕捞，这样依次类推连续进行作业（图1）。

图 1　苫板叉鱼

三十四、砸晕法

冬天，鱼常常在冰下水浅的地方游动。因为寒冷，鱼游动动作缓慢。渔民看到鱼后，瞄准冰下鱼的头部，用工具使劲砸，要尽量一次就把鱼砸晕。然后再使用冰镩开冰，用渔叉把鱼叉上来（图1）。

图 1　砸晕法

三十五、压花捕鱼

等水面结冰刚好人能上去行走的时候，渔民一手拿鱼叉一手拿一根棍子，在冰上走，用棍子敲打冰面发出响声，使鱼受惊乱跑，当看见它一头扎在水里的时候，用棍子凿开冰面拿叉把鱼叉上来（图1）。

图1　压花捕鱼

三十六、叉元鱼

元鱼胆小怕人，喜欢成群潜居在水下沟壕或岸边凹陷处。它的食物很广，主要以小鱼、虾、贝类以及植物果实为主。

产卵过程： 当夜深人静时，雌性元鱼从水底爬上岸，在松软的河滩上或者向阳的草丛中，用爪刨一个土坑，把躯壳缩进坑里产卵。然后用土把洞掩蔽好，利用阳光的热度自然孵化，30 天左右便可孵出小元鱼。

元鱼生长速度较慢，而白洋淀的元鱼生长速度却比较快，这大概是由于白洋淀是浅水湖泊，阳光充足，水草繁多，底栖动物与水生藻类十分丰富，有利于元鱼的生长繁殖。

捕元鱼： 一般在秋末冬初至次年的春季解冻初期进行作业（当年十二月至次年四月），这正是元鱼冬眠期。一般在壕沟、淀边、黑泥土地这些地点，无泥臭气味，竿草粗短、在凹陷地方常有元鱼潜伏着。按照渔民的经验，这些地方一旦发现一只元鱼栖息潜伏，往往会连续发现数只元鱼，并且还可每年同期在相同地点发现。

叉元鱼不是一般的渔民就能做的，因为这需要辨识元鱼的足迹。作业时，一人手持鱼叉站立船头，一人摇船行进，发现可疑地点，即用叉轻轻叉入泥土，如果叉到元鱼盖时，就会发出"吭吭……"的声响，一般元鱼背比泥土略硬，而又比砖块略软。当听到声响后，用力就不要太大了，否则就会刺入元鱼甲盖，刺伤元鱼甲盖后容易造成其死亡，还有可能元鱼被刺痛会逃掉。在发现泥土中有元鱼后，有经验的渔民往往顺盖往下滑叉，用叉扎挂元鱼的裙边，这样捕到的元鱼百分之百存活（图 1）。

在沟壕倾斜地区，元鱼头部位置都是向上，所以要碰到元鱼的头部是很容易的。

口述：

采访人： 您能详细介绍一下叉元鱼的过程吗？

讲述人： 一般是冬天逮元鱼最多，春夏秋季也能逮到就是少。一般冬天它就不动了，此时元鱼都藏在软泥中冬眠，冬天元鱼不吃食，在一寸多土里边，外边看不见，拿叉慢慢地去叉元鱼，也不敢使劲叉，怕伤了它以后，元鱼活不了，卖的时候没人要，有经验的渔民用叉一叉，元鱼的一块软

图 1　叉元鱼

组织软膜就黏住这个叉，把叉慢慢地挪到元鱼边叉，叉透以后，这叉没须，一拔就又拔出来了，然后拿个小钩子挂住，这一叉一挂就抓住元鱼了，它在泥里边一寸多深，完全都伸进泥里了，只要边挪边晃，元鱼就从污泥里出来了。最好叉下巴且不流血。每年三月十五啊，找小鱼吃去，你别看它四个爪，跑得快的也要用叉子逮。你去了离近叉，元鱼正跑呢，你叉这么一下，它就跑不了了，去了拿手一扣就上来了。它能在水面上跑，芦苇上就不行了，因为它不能往后走，你拿它下面的后腿。它如果在水里跑，就拿个响板吓唬它，它就往下钻，越响越往下钻，别的鱼一跑冒长筋，元鱼一跑是冒圆筋。脑袋在哪尾巴在哪都能看出来了，大泡是脑袋，小泡是尾巴。

采访人：您能判断哪块泥里有元鱼吗？

讲述人：离河离岸边一米至两米，在这个范围内，元鱼喜欢向阳的地方，在阳坡比较暖和。（元鱼）卧在里头，只露一个小头。一般能抓半船舱，选个大，小个的不要。还有就是看沙包，黄土泥加沙土泥的地方元鱼多。元鱼爱干净，喜欢待在沙土地，不喜欢发潮、发臭的地方，就是黑泥臭泥地它不去。

采访人：逮元鱼除了用叉还有别的办法吗？

讲述人：用渔网也可以，就是黏上后它就不能动了，弄上来以后再摘掉，它一动网就会缠到它身上了。也有下元鱼篮的，一般下个百八十个，篮子里边放点活的小鱼，放泥鳅最好。夏天，尤其是阴天，它发憋会探头。它一探头，船上的人一跺脚，它往下一扎就会沾泥，那个气泡就上来了，然后拿罱子一夹，就上来了。或者就直接用手拽后腿拿起来，但是得小心它咬人，元鱼咬人咬得厉害。你在水上边看泡，泡都不一样，有没有元鱼就能看出来了。元鱼的泡小而多，有一小片儿泡。也有用扣大罩来逮的。咱们就是等河水冻住以后，开始逮元鱼，你看不到水底，白天黑夜都一样。黑夜时也可以，逮它也不用灯光。你摸到就知道是它。我们逮的最多的时候在一九六三年的二月，刚开河，逮了一千八百斤元鱼，用时一天半。

采访人：元鱼产卵吗？

讲述人：元鱼一般在陆地产卵，刨坑产卵以后，卵在两个月以后就孵出来了，我们小的时候在陆地上有软土的地方找鱼卵，一刨能弄回一大碗元鱼卵。元鱼（产卵）找的这个地方是非常的科学，湿度、温度、深度均有一定的规律。

采访人：您能讲一下元鱼一年四季的行动吗？

讲述人：冬天，咱们先讲冷的时候，水里冻上冰之后，元鱼专门找硬地方。它四个爪子一摆就钩住泥了，之后它就吃食，吃小鱼吃小虾，这是冬天。春天到了，它就出来吃食了，看见小鱼、小虾就吃。到了夏天，它找个小土坡爬上去产卵，一般会产十四个、十六个小元鱼，最多的时候有二十几个，它不能孵化，用土来孵化。等孵化出小元鱼，元鱼就把小元鱼领出去，领出去之后它们就会散开。秋季，尤其到了阴历的霜降时期，树叶也黄了，芦苇也黄了，落叶归根，它也该休息了，等明年三月十五才会出来。

三十七、叉黑鱼窝捕鱼

叉黑鱼窝捕鱼使用的工具是五股鱼叉，六月是黑鱼产卵的季节，黑鱼产卵以后，母鱼会寸步不离，守护在卵巢旁，防止别的鱼吞食。捕鱼者有时会发现一片淡黄色的漂浮物，这便是黑鱼卵，附近一定有较大的黑鱼护窝。如果护窝的黑鱼未出现，就用鱼叉将黑鱼卵轻轻搅乱，在附近水面插上水草或芦苇扎成的草把作为标记。黑鱼回窝后会用鳍和尾将鱼卵重新拢在一起。叉窝子的人只要看准草标的动向，就可依动向判断黑鱼在什么位置，然后就可以准确下叉（图1）。

图1　叉黑鱼窝

口述：

被采访人：邓志庚先生。

采访人：黑鱼如何进行配对呢？

被采访人：黑鱼对"爱情"很专一，实行的是"一夫一妻制"。黑鱼择偶时，雌鱼通过雄鱼的"决斗"来选择"黑马王子"。冬季里，白洋淀千里冰封，水中世界相对安全稳定，鱼都在休养生息。春暖花开时，她要选择"乘龙快婿"做伴侣，一块儿搭窝、产子、护卵、抚育儿女。每至农历三月十五，在淀边，苇塘那些水质好、环境安定的地方，一处处决斗的"擂台"就开场了。雌鱼在一旁观阵，雄鱼们相互追逐撕咬搅作一团，激起水花飞溅，咬得血肉淋漓。有经验的渔民总能找到它们的校场，雄鱼们斗到酣处就无所顾忌，甚至察觉不到渔船的到来。叉鱼人抓住时机，突然出叉刺中黑鱼。咬窝时叉住的多数是雄鱼，因为雌鱼"旁观者清"，一旦发现渔民到来，就溜之大吉。

在决斗时，个小力单的雄鱼，斗不了几个回合，自知没有胜利的希望，就悻悻地离开了。那体质虚弱的，带着遍体鳞伤，也败阵而去。最后胜出者和雌鱼一起寻找搭窝的地方。

采访人：黑鱼会选择在哪里搭窝呢？

被采访人：黑鱼一边游玩儿，一边寻找着搭窝的地点。时值春末，淀水尚凉，它们一般选址在淀泊中向阳一面的浅水区。太阳一出，晒到水底，这里比较暖和。要是夏初，淀水暖了，它们就选址在僻静的河汊，那里水质清新，环境安静。位置选定以后开始搭窝，说是搭窝，其实主要是清洗窝子。先把水底的杂草咬断，再把水草叼走。黑鱼搅动尾巴把窝底的烂草、淤泥清洗干净，然后又在窝里乱搅，把水面的杂物冲走，一个理想的"洞房""产房"就竣工了。

采访人：什么时候是叉黑鱼的最佳时期呢？

被采访人：黑鱼窝搭好了就产卵。雌鱼临产时，会在窝里剧烈地搅动，把卵排在窝里。排出来的卵子有黏性，相互黏在窝的水面飘了一层。卵子经过暖和的阳光一晒，渐渐显现出针尖大的眼睛和子了似的小尾巴。卵在窝里孵化的阶段，正是叉黑鱼的最佳时机。

采访人：渔民怎么寻找黑鱼窝呢？

被采访人：渔民凭借敏锐的视觉和灵敏的嗅觉寻找黑鱼窝。渔民撑着小船，在黑鱼喜欢搭窝的地方搜寻。相隔几十米，就能发现黑鱼窝。当然，距离这么远谁也看不见鱼卵，黑鱼窝那儿比别处的水面干净，水草也新鲜。有的水草、小荷叶上还带着水花呢！这是黑鱼夫妇常来光顾的结果。要是有芦苇、水草遮挡着视线，叉鱼人就耸耸鼻子，闻闻气味，因为黑鱼卵会散发出浓重的鱼腥味儿，渔民闻到腥味儿就能断定：里边有黑鱼窝！

采访人：您能讲一下叉黑鱼的具体过程吗？

被采访人：找到黑鱼窝，就该准备叉鱼了。叉鱼之前先通过观察判断出黑鱼习惯从哪边儿来上窝。鱼经常游过的地方，水草光鲜，没有水垢。叉鱼的位置绝对不能选位在黑鱼上窝的方向。如果黑鱼窝旁边是苇地，叉鱼人可以悄悄蹲在苇地里，利用岸边的芦苇做隐蔽物。如果是在水泊里，叉鱼人需要提前准备一个专用的木架，在木架上插几根芦苇做隐蔽物。还要注意别置身在太阳一面，防止阳光把身影投进窝里，那样黑鱼就不敢来上窝了。选择好位置就选择渔叉，常叉黑鱼的人一般备有两把渔叉：有"七股连"和"大五股"。七股连叉股多而密，叉头也小，适合叉三斤以内的黑鱼。大五股叉股少而稀，但叉头大，适合叉三斤以上的黑鱼。有经验的渔民，根据窝里鱼卵的大小、多少，能够估计出黑鱼的大小，从而决定选用哪把鱼叉，然后把妨碍用叉的芦苇、水草等整理好。一切准备就绪之后，用叉头把窝里的鱼卵搅动一下，就严阵以待，等待黑鱼上窝了。

守窝的黑鱼其实就在附近，每当此时，负责值守的亲鱼（母鱼）或者公鱼，都会凶神恶煞般回窝护子，此时，正是下叉的好时机。不过叉鱼人要知道瞄准黑鱼哪个部位下叉。如果黑鱼从左面或者右面上窝，要瞄准黑鱼嘴前一寸处下叉。因为你一出叉，黑鱼发现后会本能地躲避，它的动作必然是向前一窜，你的渔叉留了提前量，定会刺中它的脖根轴子。如果黑鱼从正前方游来，你就正对着鱼头瞄准。你一出叉，黑鱼就一定要转身躲叉，这时候，它无论左转还是右转，都会被叉中脖根轴子。下叉时，一定要做到稳、准、狠，争取刺中它的要害部位。叉住黑鱼之后，不能急于用叉提鱼出水。虽然渔叉的每根苗子上都有倒钩须，但是鱼在剧烈挣扎时也有可能会脱叉逃掉。一定要挑鱼出水，防止得而复失。如果叉住了五斤以上的大黑鱼，先要把黑鱼摁到水底，再拿起另一把渔叉刺在黑鱼身上，用两把渔叉挑鱼出水就稳妥多了。

采访人：如何才能做到把雌鱼、雄鱼都叉到呢？

被采访人：叉了一个黑鱼之后，要手脚麻利，把现场收拾干净，把窝里的鱼卵归拢好，好像这里什么也没有发生过一样。然后迅速隐蔽好，屏息凝神地等待另一条黑鱼上窝。只有叉黑鱼窝的高手，才能把雄鱼、雌鱼双双擒获。

有时候，同时发现了两个黑鱼窝。两窝相近，不能顾此失彼。此时则用到圈钩。一边用鱼叉，一边用圈钩（详见圈钩捕鱼）。

采访人：有没有特别的方法能够更加容易叉到黑鱼呢？

被采访人：技术高的叉窝人，不但会找黑鱼窝，还会"摺窝子"，就是给黑鱼搭窝。他们选择黑鱼喜欢搭窝的地方，按照黑鱼们"自建住宅"的标准，替它们建起一处处舒适的家，达到了可以假乱真的程度。见有现成的住居，黑鱼就迫不及待地产卵、授精，却不知是渔民设下的陷阱。叉窝人一边找"自然窝"，一边布下"人造窝"，过一段时间，就可以到人造窝里去叉鱼了。节约了找黑鱼窝时间，每天叉获黑鱼的数量与常人相比，就可想而知了。

三十八、爬旮旯

爬旮旯（图1）是在冰上作业，是冬季捕鱼时的一种方法。等冬季淀面的冰冻结实并且能站立行人后，熟练的渔民知道哪儿能找着鱼，一般选择向阳地带且河底有窄草的地点，在找好的位置上用冰镩凿出直径半米左右的冰洞，捞净冰碴以后，把用竹木和蒲席制作的旮旯床盖在上面制造黑空间（图2）。这样阳光一照别的地方的冰都是明的，这里是黑的，鱼就都游到架子下面。人趴在旮旯床上，看鱼一过就拿叉子（多用五股或七股鱼叉）叉鱼，一般需要渔民有较高的准确性。冬天的鱼不爱动，特别容易叉中。除此之外，白洋淀渔民常常还用其他的方法来制造黑暗空间，捕鱼原理是相同的。

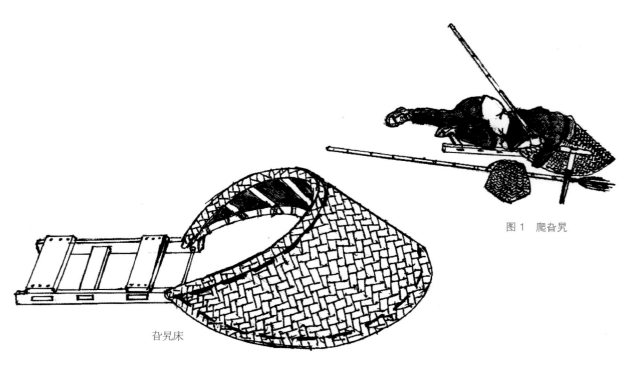

图1 爬旮旯

旮旯床

图2 爬旮旯示意图

此外，有时候渔民也存在集体行动，一起拿着鱼叉直接叉鱼（图3）。

图 3　直接叉鱼

三十九、下虾篓

大田庄是白洋淀有名的篓子村，女的有特色的苇编技术——织虾篓，男的有特色的渔业技术——下虾篓。

在白洋淀调研过程中，我们看到了编织虾篓和须的全过程，他们神奇的芦苇编织技艺十分精湛。如果不将其记录下来，那将是很大的损失。

别看这么小的一个虾篓，却被白洋淀人民编织得非常有型、漂亮（图1、图2、图3、图4、图5）。

图1　成堆的虾篓

图2　编织中的虾米篓（左）和编织成的须（右）

图3　不同角度的虾篓及须口的细节造型

图4　虾篓　　　　　　　　　　　图5　虾篓内部情况

口述：

被采访人： 田贺松。

采访时间： 2017年4月23日。

采访地点： 大田庄。

被采访人： 虾篓是用芦苇编的，也是用芦苇缠的。把虾食放到里面去，一般是把高粱面蒸一下放进去，再在小口这边塞一把草，虾或者小鱼钻进去吃就出不来了，取时再把口上的草拿掉，取出困住的虾（图6）。

采访人： 那咱们下篓的时候拴线吗？

被采访人： 拴，有的拴线，有的拴杆。就是开着船，把它摆河里、淀里都行。

图6　在水底的虾篓

采访人：咱们捕虾的方式有哪几种？

被采访人：捕虾的方式多了，有的用这个铁圈（底下有网），放上虾食，虾肯定过去吃，往上一提就把虾逮上来了。这个铁丝得用线拴。把它放在河里，绳子的结合部位都拴一块儿泡沫，就浮到水上面了，口向上。隔三几米放一个，一丈多，跟拉网似的拉一长溜。在早些时候，没泡沫，就是拴一根芦苇。

采访人：最上面放一根芦苇就行吗？一根芦苇能承这么大的重量吗？虾一多它还不沉了呀？

被采访人：芦苇不承重，它就起个鱼漂作用。提的时候提上边的绳子，它就是个标志。它很轻、很少，既能漂浮，又不怕泡。

采访人：虾吃完不会跑吗？

被采访人：它吃不完的，吃完了你再放置。捕虾常用的方式，一个是用虾篓，另一个是"小密封"。尤其是"小密封"，它夜间逮虾，白天捕鱼。白天小鱼吃"小密封"中的鱼食，黑夜鱼看不见，它就不进去吃，虾晚上是能看见的，看到"小密封"中的食物，白天因为"小密封"有鱼它不敢上前。

采访人：还有别的方式吗？

被采访人：我们抓鱼抓虾就是用这三种：一个是虾篓；一个是"小密封"；再有一个就是回圈，用得较少。

采访人：鱼跟虾有什么特点吗？

被采访人：鱼跟虾都没有记性，可以连续捕获。

采访人：什么时候捕鱼虾最多呢？

被采访人：捕鱼是在四五月份，那时天气不冷不热，鱼的流动性大。逮虾是在七八月份，这时候水流动快，虾就长得快。

采访人：您能具体讲述一下制作虾篓的过程吗？

被采访人：下虾篓在我们村有近 500 年的历史。下篓子是难度较大的技术活，层层环节如链条紧扣，缺一不可。

图 7　织篓子

选苇：在优质的白皮栽苇中选拔又粗又高的芦苇，叫"拔头"，将拔头苇铡成约 1 米长的苇段，用"五漏穿子"和"六漏穿子"把苇段穿成 0.5 厘米宽的苇眉子，用石碾轧熟。

织篓子：用 20 根苇眉子作经线、20 根苇眉子作纬线编成筛子底，浸泡后，织成篓子雏形（图 7）。

缠须：把"拔头"苇尖部分用"九漏穿子"和"十漏穿子"穿成 0.3 厘米的苇眉，在做成的须栽子上用苇眉环环缠绕，缠好的须呈喇叭形，须底直径 5 厘米，须口 1.5厘米。

收篓子：把篓子口缩编成 5 厘米（封口），篓子口绑上 1 尺长的口绳（绑口绳），再把须插进篓子一侧下方（坐须），背面绑一块瓦片，目的是篓子下到水里以后，确保瓦片在下、须在上，便于虾从须口钻入篓子。

拽篓子：把做成的篓子在水里浸泡一天一夜后，篓子里面放上虾食，用水草把篓子口塞紧，这就完成了下篓子前的全部工序。

下篓子：篓子鼓鼓的像一只灯笼，把篓子绑在苇秆上放到水里叫"下杆子"，把篓子绑在绳子上叫"下线子"。

倒篓子：把下到水里的篓子提上来，把篓子里的虾倒进船舱。

采访人：您能讲一下下篓子吗？

被采访人：我十二岁就学习下篓子技术，下篓子要过三关：下篓子、起早、倒篓子。下篓子是一个难度较大的技术活，在篓子船箭似的行驶中，把篓子飞快地绑在苇杆子，每隔七八秒钟连续下到水里，下到水里的篓子相隔大约三米，直到把船上一千多个篓子下完。下篓子时要做到手准、手快、眼快。手准是指要把篓子口绳准确地绑在苇杆子上，要结实，不能脱落，要绑成活扣，便于解开。手快是指绑的速度要快，左手拿苇杆子，右手拿篓子口绳，两手一碰，篓子扣就绑成了，随即下到水里，速度之快眨眼之间。眼快是指把绑好的篓子看准扔到指定的地点，有时扔在水草丛中，前面撑船的用篙拨一个空隙，必须把篓子放在空隙中，这样篓子才能沉入水中，不能把篓子扔在水草上。真要达到快速绑篓子，不下苦功练不行。上船前，我就开始练，练了不少日子，自以为熟了、快了，哪知道到了真下篓子，船行如飞，手忙脚乱，有的没绑好，有的甚至没绑上，就扔到水里。第二天，一连几个篓子和苇杆子分了家，为这事，我没少挨大人的篙敲。为了快速绑篓子，我利用休息时、饭后、晚上睡觉前进行了上百遍、上千遍的练习。绑篓子主要是两手的拇指、食指、中指，因为不停地练习，指头练得露出红肉，红肉又裂开小口流血，再一着水，疼得钻心。一边练习，一边琢磨，我熟练地掌握了缠、顶、紧的绑篓子要领，能在 3 秒钟内绑好一个篓子，可以做到熟能生巧（图 8）。

图 8　下篓子

采访人：那起早跟倒篓子是怎样的关系呢？

被采访人：起早是第二关，凌晨四点钟，我睡眼惺忪地从船舱里爬出来，只见四周漆黑一团，三星高悬东南，人一出船舱，立刻被寒冷的水蒸气包围起来，再用两手一触刚从水里提上来的湿漉漉的篓子，心里直颤抖。这种感受常常是干半个钟头的活以后才渐渐消失，人的神志也才渐渐清醒。

第三关是倒篓子，把刚刚从水里捯上来的篓子，拔开堵口的水草，一手攥住口绳，一手扶着瓦片，把篓子里逮住的虾倒进船舱，然后，再添上虾食，堵上篓子口。这种活不能站着干，也不能坐着干，只能蹲着干。倒完一船篓子，从 4 点到 10 点，需要 6 个小时，必须蹲 6 个小时，倒完一船篓子，想站已经站不起来了，只觉得大腿和小腿黏在一起，两腿要想伸直必须坐在船板上，两手把小腿慢慢和大腿分开，每一分每一寸都要忍着剧痛。

采访人：您现在回忆之前下篓子有什么感受呢？

被采访人：想想当时下篓子受的累，吃的苦，至今都心有余悸，刻骨铭心。也许有人认为对于一个 12 岁的孩子，这简直是摧残。但是，我不后悔，我倒觉得苦和累不是坏事，老年的我深切体会到：正是这种苦和累奠定了我一生的生活基础。这个基础，使人追求前途、追求理想；这个基础使人激励斗志，振作精神；这个基础使人不畏劳苦、不惧艰险；这个基础使人珍惜幸福、爱惜生活。我自认为是苦而无怨、累而无悔。

采访人：您觉得什么地方虾会多呢？

被采访人：每当劳动之余，许多篓子船住在苇塘边、港湾里和村边的大树下。篓子船们住在一起，这里就成了我学习的地方，向老渔民请教：什么地方虾多，虾有什么习性，什么时间倒篓子最好——我常常带着问题与老渔民探讨下篓子的学问。有一次，确实出了大问题，一百多个篓子逮上来的虾都死了、臭了，望着船舱里一堆白的发臭的虾，我仔细地查找原因，是篓子出了问题？都是一样的篓子，在别处逮的虾都是活蹦乱跳，这里怎么就是死虾呢？是虾食出了问题，我拿出臭虾篓子的虾食用鼻子闻了以后发现没有异味，用嘴尝后也没有馊味。我断定是水的问题，难道这个地方的水和别处的不一样吗？篓子船们又聚在一起了，我赶紧请教几个老渔民。他们一边分析着，一边给我讲虾的习性、虾的活动、天气对虾的影响、水的深度对虾的影响，一个老渔民最后说："有句话你记住，'不靠人教人，全靠虾教人'。"我反复琢磨"全靠虾教人"这句话，我领悟到：就是通过反复实践了解虾的个性，活动情况。虾会告诉你，篓子应该下在什么地方。我在老渔民们上述说法的基础上，总结出"冷下深，热下浅，不冷不热下大淀，天热水深捯两遍"的下篓子体会。虾习性活泼，对气候敏感，天热的时候常在浅水中活动，所以天热时下浅水或壕坎，如果这时下到深水，时间长了钻到篓子的虾会憋死。天冷的时候，虾常在深水活动，这时，篓子可下在深处。大淀里水面开阔，地势平坦，不冷不热的时候，虾喜欢这样的环境。天气热，如果发现一块水深的地方逮虾多，为了防止虾闷死，要缩短虾在篓子里的停留时间。下篓子，不仅使我学到了前人的技术，增长了知识，而且把理论和实践统一到这项古老的技术中。

采访人：逮虾中您记忆最深的事是什么？

被采访人：有一天，我看到一个船逮了 60 多斤。我对船上的船友说："咱们想办法多逮虾，有逮 60 多斤的了。"船友说："人家篓子多，自己花钱添了篓子，篓子多下的地多，没有千顷地，打不了万石粮。"我说："眼下添篓子来不及，咱们用功夫多胜他的篓子多，他捯一遍，咱们捯两遍。白露、秋分正是虾最活跃的时候，洪水给鱼虾带来取之不尽饵料，鱼虾大量繁殖，我们多付出一些时间，一定多逮虾，提高产量。"捯两遍以后，产量果然大增。不久，全村的篓子船都捯两遍，每天晚上，劳动了一天的篓子船，又开始了新的劳动——捯两遍，大淀里的篓子船鱼灯亮了，大河里的篓子船鱼灯亮了，千百盏鱼灯穿流在水上，灯光和倒映的星光交相辉映。

采访人：什么情况下逮的虾会多呢？

被采访人：有一天，我们遇到一只船，一看就是丰收年景，打的鱼都满舱了。我问："在哪逮的，这么多鱼。"网船上的人说："在堤里头。"我又生了心，沉思着：四门堤开了，来了新水。听老渔民说，新水生繁鱼，所以这只船逮的鱼多。新水能生繁鱼，也一定能生繁虾。我对船友说："咱们也到堤里头试试。"船友说："堤里头水面大，连个挡掩都没有，遇上恶劣天气怎么办？"自从四门堤决口以后，水面变大了，无风三尺浪，浩瀚的水面中，孤零零散落着几个孤岛似的村庄，不像白洋淀有一些苇塘密布，水清波平。我心已决，还是想冒冒风险，我说："不冒风险，难得高产。

我们把篓子下到离村子近的地方，遇上恶劣天气，我们到村子里避风。"就这样，我们把篓子船移到堤内，把篓子下到堤里的浑水里。第二天一捯篓子，乐得我们俩几乎跳起来，每一个篓子比淀里多一半还多，那虾也和白洋淀的虾不一样，白洋淀是青虾，虾须、虾爪是黑的，堤里头逮的虾是红爪、红须，简直漂亮极了。我琢磨着：四门堤为什么虾多，这虾和人一样，喜欢新环境，所以渔民有个经验：新水鱼多。自从篓子船挪到四门堤内，我们的虾产量又上了一个档次。又有好多船挪到了四门堤内，我们村捕虾大丰收，那一年，全村上交国家 20 万千克虾。

采访人：如今您还想念当初下篓子的时光吗？

被采访人：我脱产参加了工作，总忘不了下篓子，每当我回家，总是跟上一只篓子船，有时候我还轻车熟路地绑上几个篓子，看着篓子静静地沉到水底，心里充满无限的快意。由于人为的破坏水资源（毒鱼、电鱼、下绝户渔具），白洋淀各种渔业生产百业兴旺繁荣昌盛的红火岁月时过境迁，下篓子也泯灭在历史中。我忘不了下篓子，下篓子有苦有累、有酸有涩，但更多的还是欢乐和收获。我忘不了下篓子，它是我生活的基础。

四十、密封

密封是白洋淀最普遍的渔具，分为大密封（图1）和小密封（图2），两者仅是大小之分，作用是一样的，专门用来捉小鱼、小虾。主要组成材料为芦苇和竹子。苇编成圆台状的，下有竹质底子，接口处留一条小缝（图3），缝口插有小空心木棍（图4），指引虾（鱼）进入。密封里有食物，引诱鱼虾进去。晚上捉虾，白天捕鱼。密封这种渔法省人力，捕鱼效果还特别好。

图 1　大密封

图 2　小密封

图 3　密封编织

图 4 为鱼虾引路的小木棍

口述：

被采访人：李金壮。

采访人：您能讲一下下密封的过程吗？

被采访人：可一人划船，另一人操作；也可一人用刨板划船自行操作；根据船的大小和劳作能力，确定使用密封的数量。春秋季节，在水草茂盛的浅水区，选择一片水底无苲草的亮白处，保证密封垂直摆放，每隔四五米放置一个，一般是傍晚布下，次晨捯起，河田好白天也可以连续作业，冬天也可破冰作业（图 5）。

图 5 下小密封

四十一、戳篓

戳篓（图1）构成：上圆下方，细高的篓子下部有个供鱼虾进入的须。在戳篓的背后上下两端各绑有一个绳环，以便插入木棍或者竹竿固定戳篓（图2），戳篓由白洋淀渔民自己制作。

图1　戳篓

图2　戳篓背后放木棍或竹竿的位置

作业方式：作业之前将木棍或竹竿插在戳篓的背后的绳环中，使篓子能在水中固定。两人用六舱渔船把戳篓带到作业的地点（河边或者苇地边缘）。先在篓中放上虾饵，一人驾驶船，一人把插在篓上的木棍扎到泥土中（图3），必须使须口接近地面（如果有斜坡，则随地形把戳篓倾斜），方便虾进入篓子，篓上口需要露出水面二三十厘米，两篓间距两丈左右，每天下午下戳篓，第二天早晨再去倒篓。倒篓时必须将篓内的所有东西一起倒出来，将篓清理干净，否则会影响下次捕捞。

图 3　放置戳篓

捕捞时间及区域：一般春天或秋天使用。主要放置在河边或者苇地旁边（图 4），河的中央一般使用小篓。

图 4　在苇地旁边放置戳篓

捕捞对象及食饵：戳篓的捕捞对象主要是虾类，虾闻到篓子中的虾饵味道就会被吸引进戳篓，黄鳝有时候也会进去。虾饵是排骨骨头或者蒸食，虾饵要保持新鲜不能重复利用。

四十二、吊篮

被采访人：李金壮。

采访人：您能讲一下吊篮捕鱼吗？

被采访人：吊篮是用苇篾条编织而成的筒状渔具，前端安着一个细苇条编成的外口大、内口小的虚门，后端呈葫芦底状，中间可开合，两侧陪以苇把和新鲜水草，用一条长绳一端系住篮，另一端系块砖头（图1）。在水流通畅的宽阔水域，将这样的苇篮每隔几米吊置一个，营造出鱼类喜欢的小环境，诱鱼从虚门进入后再难出来。夏季在河道和淀泊中作业，多为一人一船，每天清晨把布好的吊篮依次溜一次，有鱼就把篮中间打开倒出来，然后将篮扣好放置于原地。捕捞对象主要是鲢子和鳜鱼（图2）。

图 1　吊篮

图2 下吊篮捕鱼

四十三、迷魂阵

迷魂阵又称箔旋（图1），是白洋淀渔民普遍使用的渔具渔法之一，这种渔法最大的优点是节省人力，正如白洋淀有"勤罩懒网自在箔"之说。

图 1　迷魂阵鸟瞰图

适用地区：不受地区及水深浅的限制。

适用季节：多在春、夏、秋三季作业，冬季水会结冰，容易损伤箔。

口述：

被采访人：邓志庚先生。

采访人：您能讲一下迷魂阵怎么布置的吗？

被采访人：布设"迷魂阵"之前先要选址，渔民戏称为"看风水"。选址环境决定鱼的多少，风向和水流情况决定着鱼游方向，由此确定箔旋的位置，还要根据不同的季节采取不同的箔旋形式。布阵开始先扎"行箔"，用一块长方形的木板，钉上一根一丈长的木柄，整体形状像个直把木铲，这是扎箔的专用工具叫作箔铲。先用箔铲在河底切出一条沟来，然后把箔单片展开，将一端扎在沟里。行箔要扎成一条直线，箔与箔之间用竹竿结牢。这样一片箔连着一片箔，在水中立起一道整齐的篱笆。行箔一般一头在岸地，另一头向水中射线延伸，到够用的长度后，扎一道圆形大箔圈，把箔头围起来，只在箔头和箔圈的衔接处留两个缝隙，这是进鱼的门。大箔圈中再扎小箔圈，小箔圈留个门，以便进了大箔圈中的鱼再游到小箔圈里。这样大箔圈套小箔圈，一般有三到四层，在最内层的箔圈上开个口放上大密封。箔旋扎好后，在大箔圈的外侧平支起一圈渔网，高出水面两尺许，渔民称其为"跳网"。一个完整的迷魂阵即告竣工，只等游鱼自投罗网（图2）。迷魂阵建设好之后，渔民还需要定期检查（图3）。

图2　下迷魂阵

图3　渔民检查迷魂阵

采访人：您能介绍一下鱼进入迷魂阵的过程吗？

邓志庚：鱼一路游逛而来被行箔挡住去路，便自然而然地顺箔而行找道，不知不觉游进了大箔圈。在大箔圈中游来游去正觉得"山穷水复疑无路"时，忽然发现有个门口，就认为是"柳暗花明又一村"了，其实已经误入歧途钻进了第二层箔圈子。就这样一圈连一圈地往里钻，最后钻进了大密封，彻底进入了牢笼。令人不解的是：大密封的入口很窄，小鱼儿游进去也算顺理成章。而那些几斤重的大鱼也非挤进去不行，尤其那元鱼（王八），圆圆的身材本来是进不去密封的，却也一意孤行，想方设法侧着身子爬进大密封里，岂不怪哉？而那些七八斤、甚至十几斤的大鱼，几经尝试实在进不了密封，直憋得乱转乱撞，情急之间施展出"跳龙门"的本事，飞身越过箔旋却落在跳网上，再大的鱼一旦离开水就再也无用武之地，只有束手就擒了。

采访人：您能简单地介绍一下迷魂阵的构建材料吗？

邓志庚：主要有苇箔、大密封和网片。苇箔就是用麻绳把芦苇秆编在一起的苇帘子，每片苇箔长一丈五尺左右，宽度有两三米不等，根据水深浅而定，以把箔立扎在水底再露出水面二三尺为宜。大密封用棉、麻线编织竹篾而成，就是个鱼能进不能出的篓子。网片是用棉线或合成纤维织的，宽约丈许，网眼能伸进两个手指头。

被采访人：李金壮先生。

采访人：您能介绍一下迷魂阵捕鱼过程吗？

被采访人：许多鱼类对气温变化特别敏感，随着季节变化，每年至少在淀泊的深水区和浅水区往返两遍。渔民们掌握了鱼的活动规律，在其游走途中，横扎一道窝茎苇箔阻挡，并在中间部位用箔围起一片布设迷局陷阱。即在这一部位的横箔处开出多个"八"字缝隙口子，小口朝着布局的一方——也是鱼想去的方向。再用箔把围起的一片水城纵横分割成多个小方间，每间都为鱼设置两三个"八"字缝口，其中有的只能进不能出，有的只能出不能进，整个设置叫箔旋，也叫迷魂阵（图4）。鱼在迁移游走中遇到横箔障碍，按其习惯溜着箔边找出路，游到"八"字缝口处自然就钻进箔旋里，按照渔民的设计，鱼在箔旋中游进一间又一间，最终都汇聚在末端及两侧的小方间。然而箔旋只能陷鱼于困境，捕捞还须借助其他渔具，渔民使用的专门与箔旋配套的捕捞渔具是大密封（图5），其实也是陷阱。大密封用竹篾条和麻绳编扎而成，高近两米，半直筒状，上面敞口，下有底托，中间有"八"字形缝隙口，将此口与箔旋中鱼聚区域小口朝外的缝隙重合，用竹签别在一起，大密封就成了鱼群被捕前的最后一个小方间。捕捞对象是鲤鱼、鲫鱼、鲢子、鲂鱼、黑鱼等。有的个体大的鱼钻不进密封，还要借助鱼叉、迥子等渔具捕捞。

图4　迷魂阵

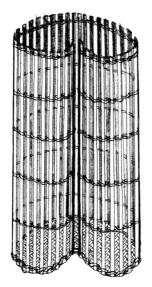

图5　大密封

四十四、提篓、罐头瓶和灯篓

口述：

被采访人： 李金壮。

采访人： 您能介绍一下提篓、罐头瓶和灯篓吗？

被采访人： 提篓是用铁筋窝成直径一尺多的圆圈，里面缝一层网片，呈浅盘状，用苇秆和麻绳将其吊平，整体上像是无砣的盘杆，网片中间系一片干鱼为诱饵（图1）。夏秋季节，一人一船，选择苲草少的深水区，每隔二三丈远布下一个提篓，可白天多次溜捎。因为是开放型渔具，困不住鱼虾，所能逮到的只是提捎渔具时正在里面进食的虾，所以费力不小、收获不大，如今已无人再用。

图 1　提篓

　　后来有人收集罐头瓶子（图2），废物利用，在瓶口处安上大高篓用的虚门，用绳子拴上苇秆或塑料泡沫，曾使用过一阵子，但因空间憋小，又易破碎，不易船上放，不久也被淘汰了。取而代之的是灯篓（图3）。灯篓是用粗铅丝窝成一对直径尺许的圆圈作网架，圈底的十字支撑中间有一根上端窝有倒钩并可横竖动转的立柱，网架上下间距六七寸，周围上下都用网封住，中间开两三个洞，缝上外大内小的网口虚门，上圈网架系有绳套，吊挂在立柱的倒钩上即可把灯篓撑起，里面放进熟面食或干鱼片等饵料，立柱顶端系上绳子和浮漂，放在水底平坦少苲草的地方。傍晚布下，早晨捯起，白天也可连续作业。收拢时先将上圈绳套从挂钩上摘下，把两个铁圈和封网叠在一起，把中间的立柱放倒，以便在船上放置。所捕获的除青虾外，还有麦穗、石猴、山根等小鱼（图3）。

图2　罐头瓶

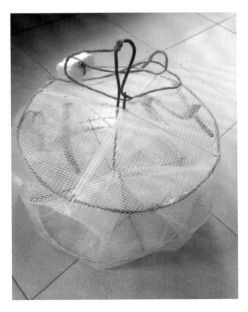

图3　灯篓

四十五、夹按子

夹按子既可以捕鱼，也可以夹贝类，如今在白洋淀已经找不到这种捕鱼方法。

构造：把网片绑在竹篙上

作业分解：具体使用办法，详见图1。

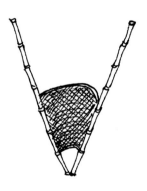

图 1　夹按子使用办法

四十六、小爬头箔和别篓

口述：

被采访人：李金壮。

采访人：您能介绍一下小爬头箔捕鱼方法吗？

被采访人：小爬头箔是用柴苇和麻绳编扎的高不足一米的小箔（图1）。春、夏、秋季用这种箔在淀泊边沿的浅水区围起一片，在一片箔与另一片箔接茬处扎八字缝口，并把一个直径一尺多的篓子用竹签别在中间，这种篓子叫别篓。别篓用苇篾编成，上面敞口，一侧有篾条编的虚门，与爬头箔的缝口对接。布好的别篓每天捯一两次，主要捕捞对象是麦穗鱼，籽包鱼，山根，石猴等小型鱼类。

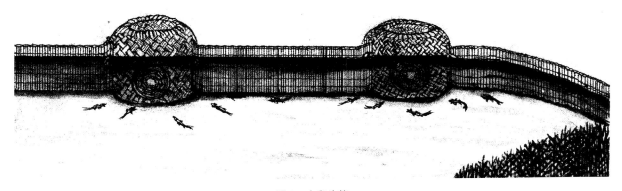

图 1　小爬头箔

四十七、螃蟹楼

口述：

被采访人：李金壮。

采访人：您能介绍一下螃蟹楼吗？

被采访人：螃蟹是洄游型动物，长期在河水与海水交汇处活动和繁衍。七上八下是白洋淀螃蟹活动的规律，每年农历七月，白洋淀的各种水草叶茎繁茂，籽实成熟，园田里的玉米、高粱开始收割，稻谷也结穗定仁，到处都有螃蟹可食的饵料。七月初螃蟹由海河逆流而上至白洋淀育肥，一个月后长个增重、膏满黄肥，八月开始洄游至海河。不仅如此，它们还有夜间趋光的习惯。据此，渔民们从八月初开始布局，在水流通畅的河道中横栏一道苇箔，并在中间靠上游水面扎一个边长一米多的方形箔间叫螃蟹楼，楼两侧与横箔衔接处各留一个缝口（图1）。夜晚，一人一船停靠在螃蟹楼下游水面，把点亮的马灯悬挂在楼子里水面上方。螃蟹下行受阻，自然沿着箔边横行进入螃蟹楼里，看到灯光后奋力向上攀爬，渔民趁机用回子将其捕捞上船。

图 1　螃蟹楼

　　水势小的年份，有的螃蟹或许因为贪恋白洋淀的美景和美食，不按季节洄游，长期赖在白洋淀不走，它们用螯爪在园田边上掏挖出弯曲的深洞，借此越冬避暑。种地浇园的人们看到洞穴，就用苲草团紧紧堵住，过一会儿再去拔掉苲草，这时螃蟹已经半死不活地趴在洞口，伸手可得。

織蓆編草蘆

蘆草蓆種種苦包以
田十蘆席盖幷盖幷多
有草此這蓆产蓆蓆可
沒前以蘆織编盖幷多
洋地编產编這苦包以
澱要扎成果囹编以前
铺两搭圈编以前的
高棚捕防以果前的可
求因鱼苦包编前的值
使用虾果鱼蓆苦包
佈供其水蓆蓆產廣
桃具產盖幷席
渔销盖幷產價
制路廣產價
產每销销價售
降日消售售
個價
趙
勢
年
刊

第二篇　苇编织

白洋淀最出名的植物当属荷花和芦苇，前者因孙犁先生的《荷花淀》而出名，更因其"出淤泥而不染"著称于世。但是，荷花只是在暑日季节炫耀自己的色彩。

而其他季节芦苇则是白洋淀绝对的主角，"浅水之中潮湿地，婀娜芦苇一丛丛；迎风摇曳多姿态，质朴无华野趣浓"，便是芦苇很好的写照，白洋淀人美其名曰为"铁杆庄稼"，当然自有她的妙处。

只要提到白洋淀，人们就会想到作家孙犁名作中的描写："女人坐在小院当中，手指上缠绞着柔滑修长的苇眉子。苇眉子又薄又细在她怀里跳跃着……不久在她的身子下面，就编成一大片。她像坐在一片洁白的雪地上，也像坐在一片洁白的云彩上。"仿佛让我们看到了质地柔韧、色泽洁白的白洋淀席的诱人魅力。

说起芦苇，在白洋淀当地尤为常见（图1），村庄里随处可以看到各种形态的芦苇，刚收回家的、正在加工的、加工成材料的和用芦苇编织的精美艺术品（图2）。白洋淀简直就是芦苇的海洋。一捆捆的芦苇立在街边，村民就在路边进行劳作。

图1 圈头村的芦苇

图2 芦苇技艺编织者

芦苇编织品也作为民居装饰构件出现在建筑装饰中。有些悬挂于窗户外边当作窗帘，起到遮挡阳光的作用（图3）。

图3 芦苇编的窗帘

有些直接围合成院落，充当院墙或者门（图4）。

图 4　用芦苇做成的门或院墙

　　有的直接用于内屋顶，起到防潮作用。房顶子上铺上两层用芦苇编好的苇箔（图5），上面放上黄土，再用碾碎的麦秸与黄土和泥，最后用泥板把房顶抹好，最后房子封顶就可以了。

图 5　置于房内屋顶的苇箔

　　还有芦苇做的门帘或者墙帘，既通风也起到一定的遮挡作用（图6、图7、图8）。

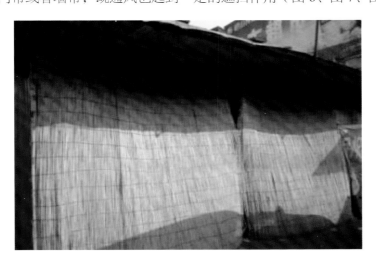

图 6　芦苇做的墙帘（1）

图 7　芦苇做的墙帘（2）.

图 8　芦苇做的门帘

此外，还有的用来围合菜园，详见图 9。

图 9　用芦苇围合菜园

　　做饭的大铁锅也是用芦苇编织的"锅盖"，家家户户几乎都有用芦苇"芡子"打好的"粮食囤"；盖房子烧砖的砖窑厂的砖坯子都是用芦苇编织"苇苫"覆盖，既通风又防雨，还有用于捕鱼的箔旋，用来晒枣、晒粮食的苇箔等（图 10）。

图 10　不同功用的芦苇编织

　　人们把芦苇制成不同的物品，赋予它不同的功能，每一处也都因为它的存在而引人入胜。在这

143

里，芦苇编织不仅是一种手工艺品，也变成了独具特色的建筑装饰与构件，展现了白洋淀建筑风格特色与文化之美，可以说是一个芦苇艺术的民俗博物馆。

"蒹葭者，芦苇也，随风而荡，随风而飘，却止于其根"，芦苇在诗词美文中频频出现，代表着不同的意境，体现别样的美。其实芦苇不仅可以美化诗文，更可以美化生活。芦苇早已浸透在建筑、生活中，以及人们的记忆中，同时也物化了已往岁月的审美和智慧。

有一种叫作"苇泡儿"的临时"创可贴"，弄芦苇的时候不小心弄破了手，就用它临时止血；还可作为小孩子的玩具，可以吹起来，双手一拍就会发出很大响声（图11）。

图 11　用芦苇做的苇泡儿、临时"创可贴"、玩具

生活中最常见的是芦苇制作成的笤帚：有扫地笤帚和扫炕的笤帚。扫地用的笤帚要用芦苇尖制成，再用碌碡压一下才行；有扫炕或床的笤帚，用带着一小点芦花的芦苇，把芦花刮去，用剩下的部分来做扫炕的笤帚（图12）。

图 12　用芦苇做的扫地的笤帚和扫床的笤帚

图 13　用芦苇烧火做饭

芦苇最具有生活气息的用法是被人们当作柴火了，这是专属于水乡的柴火（图13）。

芦苇的火烧出妈妈的味道，那时候，如果出船打鱼，渔民以船为家，船的后边都有一个锅烓子，就是灶，后边安个烟筒，渔民在那里用芦苇烧火做饭（图14）。

用芦苇烧火做饭，有一种投入感，有一种仪式感，有一种慢的味道。冬天是暖，夏天是汗，就像木心笔下描写的从前的日色变得慢，车、马、邮件都慢，大家诚诚恳恳，说一句，是一句，更是蕴含了一种水乡的味道，出锅的不是菜，是一种心意和境界，是袅袅炊烟升腾后的一种诗意。这种味道适合水乡的人，快速易解，慢速难求。

水中的芦苇，承载着多少游子的相思，又温暖了多少村民的生活，穿过几辈红尘岁月，温软了

图 14　水上船家

一处的记忆。遥望白洋淀那漫天的芦苇，像个大帐幕。云雾很低，风声很急，淀水清澈而发黑色，芦苇万顷，俯仰吐穗。芦苇在水乡人眼里十分重要。

在白洋淀，一年四季都可以看到芦苇，但风景却截然不同（图 15）。

图 15　白洋淀一年四季的芦苇风景

春日，芦苇新旧交替，枯黄的芦苇中掩映着嫩绿的新生芦苇，也掩映着大大小小的坟头，白洋淀百姓有个习俗，死后埋在芦苇地里，坟地常会被水淹没，所以祭拜时都是估计地方，祭拜的时候乘着船烧纸，把纸钱挂在芦苇上，再把芦苇插在坟上这样纸就不会湿。

夏日，是芦苇最茂盛的时候，本地包粽子的粽叶就是这个时候的芦苇叶。

秋日，芦苇开始枯黄，顶上出现了芦花，阳光下，一片片耀眼的银白。

过去冬天白洋淀是看不到芦苇的，放眼望去，大淀里结了厚厚的一层冰，飞驰的冰床来回穿梭，冬日里冰床就是白洋淀人们的交通工具（图16）。近年来，随着人们生产、生活方式的改变，绝大部分白洋淀群众已经不再收割芦苇，大片芦苇在水田中自生自灭。北风吹过，芦花飘荡，一片萧索景象。芦苇成了冬日里大淀唯一的主角了。

图 16　白洋淀冬季冰面行走的人群

一、芦苇种类

白洋淀的芦苇抗旱耐寒，生命力顽强。由于生长环境不同，芦苇的形态不同，用途也有所不同。

在不同的地区有不同的分类。

胜芳：芦苇分为四类。

第一种，正草。就是大片的苇田，正苇能编织成为各种生活用品。

第二种，建筑苇。例如，沟、渠、壕、埝中长的芦苇，用来打苇箔、苫房子，过去常常用来做篱笆墙。

第三种，小芦草。路边长的矮、细，甚至有的挂白霜的芦苇，可以喂牲口（因为它生长的早，小芦草是牲口最爱吃的草）。

第四种，爬苇。在沟边上长的，不往高处长，长的可达十米左右。

圈头：根据芦苇的成长环境和用途分为四类。

第一种，白毛苇。生长在水中，有水根，有白毛子。由于它易栽易活，繁殖力极强，所以分布面积广、但由于皮薄，织席掉节，只能用于建筑的苫房苇箔或充做燃料。一般在中秋节后开始收割。

第二种，黄瓤苇。生长在旱地里，坚实但是柔软度稍差。主要用来打苇箔用。又分为死结和活结两类。活结也可以用来织席，但是特别硬不好织，必须在农历夏至以后方可使用。收割期一般在霜降以后。

第三种，栽苇。又称"白皮苇"，粉节白皮，是质量最好的芦苇。是织席以及其他编织品的理想原料。收割期一般在霜降以后。

第四种，泡苇牙子。由于其耐泡，常常用来作为标记以及工艺品。用芦苇制作芦苇画，必须用泡苇牙子才行，因为它特别嫩，用之前必须得晒干。泡苇牙子并不是一个种类的芦苇，而是芦苇的引头（刚开始生长出来的意思），俗称泡苇牙子。

二、芦苇收割

芦苇收割季节：阳历十一月中旬到月底最佳。

不能收割过早，早期芦苇嫩，没有筋骨，苇叶掉不干净，苇秆容易折节，最早也得霜降以后。

最晚不能到春分，因为这个时候芦苇又该出牙了，再收割就会伤着新牙。

收获时节，水乡的老农撑船进到淀里，手握一米多长的"大镰"一镰一镰地打，全靠臂力，打下来的芦苇熟练地捆成捆，男人们把一捆捆芦苇扛在肩头，稳稳地放在船上，然后划船把芦苇运到苇场，一船一船的芦苇金灿灿、沉甸甸，满载了农民的收获和喜悦。全淀的芦苇收割后垛起来，白洋淀就成了一道芦苇的长城。至于收割方式也因芦苇种类不同、苇田地势高低而各异。

收割在水中的芦苇叫套苇，干地上的叫打苇，冰上的跑锉。

收割苇有三种方法。

第一种，旱地用大镰打苇（图1），然后用冰床将打好的芦苇运走（图2）。

图1　打苇

图2　用冰床运输芦苇

第二种，水中套苇（图3）。在水里用大镰伸到水底（也就是苇根）往上薅，叫套苇，如果水深或套不完，明年开春再继续套。冬天如果在水里，并且水浅的话，两个人一伙，用两根绳子拴在一个刀片两端。后面一个人，两端拴捆推，前面一个人用绳拉，这种方法，叫搓草（苇）。

第三种，冰上跑锉。就是等冰冻好以后用锉在冰上推着走。

图3　套苇

口述：

被采访人：邓志庚。

采访人：您能讲一下收割芦苇的方法吗？

被采访人：有三种方法。首先打旱，是在地势高，没有水的苇田里收割芦苇。使用的工具是"打镰"，一尺长的镰头上安着六尺长的木柄，舞动双臂，用镰砍割芦苇，再把割下来的芦苇捆成"苇把儿"。这活儿只要肯卖力气，干起来难度不大。

扒苇，是苇地里水深一尺以下，船上不去。割苇人脚穿"牛绑"蹚水割苇。牛绑是用一块牛皮做成鞋样，绑在脚上，防止苇茬扎脚。扒苇这活只要不怕脏、不怕冷、不怕扎脚，也好干。

咱们说的套芦苇，是苇地里有一尺以上，五尺以内深的水，把船撑到地里收割芦苇的方法。

套芦苇一般用六舱船。先在船上搭好放苇把子的杠，方法是：在第二和第四个船舱里，分别插上一根"挑杠"，一端插入左船舷下，另一端伸出右船，两根挑杠下面各垫一个木墩。在两根挑杠右边的头上横搭一根"窝杠"，放芦苇的架子就搭好了。

套芦苇由两个人配合操作，割苇的人叫"拿镰的"，用的工具叫"套镰"。镰头有一尺半长，镰柄有一丈二尺长。拿镰的人站在船头左侧，伸镰入水把芦苇割下，用镰挑着苇梢，交给副手。副手抱着苇梢，拿镰的腾出套镰来，再挑起芦苇的根部。两人一抬，把芦苇放在船上。副手用"小兜耙"把苇根兜齐，小兜耙，就是在一块木板上安个柄，把芦苇戳齐的专用工具。

采访人：套芦苇是不是很简单的一个工作？

被采访人：看着别人套芦苇，觉得轻松自如，也没有多难。可把套镰拿到自己手中一试，就傻眼了。下镰时，套出的芦苇长短不齐。捆成把子一看，根儿里有尖儿，尖儿里有根儿。大家开始笑话你了："真有两下子，一丈高的芦苇套出两丈高的把子来啦！"要是下镰的位置不对，压不住茬，割下来的芦苇会先后飘出水面，散成一片，让你没法收拾。别人就又该调侃你了："射了箭啦？"行镰不稳，用力不匀，留在水底的苇茬就长短不齐。要是水浅，好不容易套满了船，船被苇茬卡住，撑不出来了。没别的办法，只好下水推船。这时候，大家就又该打你的哈哈了："怎么，你的船能当车使了？"

采访时间：2016 年 12 月 10 日。

采访地点：圈头村。

采访人：现在咱们打苇的多吗？这都得多少人一起打苇啊？

被采访人：我家承包了二十多亩苇田，现在刚开始收割，人手也不够，得雇人，三四个人一天一亩地的芦苇，就我家这些，差不多也要收半个多月。这会儿，芦苇是越来越少，没人管理啊，也卖不上价，加上维护成本和人工费，别说赚钱了，总体下来不赔钱就不错了。这年头种芦苇可不像前些年。以前，每年入冬以后，家家户户的房前屋后，都有一个芦苇垛。人们早早就把芦苇收回去了，有打成帘子的、有编成苇席的、还能做成抓蟹捉鱼的小背篓。品质不太好的芦苇，要不就是卖给造纸厂，要不就是留着烧火。在芦苇值钱的时候，到处都能看到人们在编苇席，那种场景现在再也看不到了。现在这芦苇收了也不挣钱，但是不收也不行，会影响来年新芦苇的质量，而且要是有烂掉的还会污染水质，造成水质的富营养化。现在年轻人好多都不会割了，基本上都是我们这些六十多岁的人打苇。这时候就可以打苇了，再过一段时间，淀里运芦苇的船会更多。再等到严冬三九、四九的天，淀面的冰冻结实后，才是村民大规模走冰打苇的时候，那场面还挺壮观（图 4）。

图 4　冰上运芦苇

三、苇编工具

　　苇编织是一个较为复杂的过程，所用到的工具也有很多种，每一种工具都是白洋淀人民的智慧结晶，了解各种工具，有助于我们理解苇编织品编织技艺的高超。

　　铡子：白洋淀的苇，除了点缀秋天的美，还浸透在百姓的生活中，其中应用最广泛的就是用来做席子、篓子，要把一根根芦苇变成席子篓子离不开一个工具——铡子。铡子是我们重点调研的一个工具。

　　打皮穿子：制作苇箔前打掉苇草叶皮的专用工具。打皮穿子这种工具也很是讲究，它是由穿身和刀片两部分组成，穿身呈圆锥形，中间有圆孔，穿身前面有四把弹性刀片，其中两个长刀片在前，两个短刀片在后。打苇皮时用四把刀刃卡住苇草（图1、图2）。

图1　打皮穿子用法演示

图2　打皮穿子

　　咧板：用于织席前芦苇去皮，不同的样式一样的用法，最早先用两根竹子做，甚至还可以用两根芦苇合在一起来当咧板使用（图3）。去皮不多的时候，可以临时用小镰头来去皮。

图3　咧板

小镰头：介芦苇用，将芦苇分成两半（图4）。

图4　小镰头

五尺：是一种计量苇席尺寸和利于编织苇席的工具，它是用不宜变形的硬木制成，上面刻有尺寸，第一尺有寸，其余的就只有半尺、一尺了，半尺标记短，一尺的标记长（图5）。也当垫席棍，放在苇底下，席与地面之间有了空隙，便于编织，如果没有空隙的话，不好抬苇。在编织苇席的过程中，初织席的新手需要用五尺来定大小，熟练的则主要用它来抬苇。一般的大席规格为五尺宽、一丈长，自家织的炕席有长点的。

图5　五尺

"蒹葭苍苍，白露为霜。所谓伊人，在水一方"，蒹葭者，芦苇也，每年寒露过，霜降始，原本碧绿的芦苇就开始泛黄，秋风乍起的时候，一丛丛芦苇摇曳，层层叠叠，苇浪翻滚，却止于其根，这种画面温柔而又倔强，好一幅北国的蒹葭之图（图6）。

图6　白洋淀的芦苇

白洋淀的芦苇，除了点缀秋天的美，还浸透在百姓的生活中，其中应用最广泛的就是用来做席子（图7）、篓子（图8），要把一根根芦苇（图9）变成席子、篓子，这就要用到一种工具——铡子（图10）。

图7　席子

图8　篓子

图 9　成堆的芦苇

图 10　钏子

　　白洋淀家家户户都有钏子，钏子的形式和使用方法从古至今并没有发生变化（图 11），钏子的种类有三孔、四孔、一直到十孔（图 12），制作不同的苇编需要不同的钏子，比如三孔、四孔、五孔的常常用来做席子、篓子，六孔、七孔、八孔、九孔、十孔常常用来做须（图 13），不同孔数钏子的实际的使用并没有非常确切的划分，主要是根据芦苇的粗细和制作的苇编的种类、大小来确定。但是就是这么一种常见的工具，整个白洋淀只有安新安州的刘氏一族会做，这门手艺代代单传。

图 11　钏子的使用

图 12　不同孔的钏子

图 13　安放在篓子上的须

　　制作钏子的手艺，无法用单纯的工种去界定和区分，它的复杂和精细程度超出普通人的认知，仅制作钏子内部3厘米的铁质枣核钉，点寸之间的操作，就需要十几个步骤。一个学徒跟随老师傅十年，都难掌握复杂精细的操作工艺，无法独立制作完成。因为钏子工艺包含铁匠、木匠等多工种操作技能，制作钏子用的十几种工具（图14）都是出自钏子手艺人（图15），每一种工具都是独特的存在。

图 14　制作钏子所用工具

图 15　手艺人刘兴旺先生

工具详细介绍：（1）架子（图16）。

图 16　架子

① 老墩（图 17）。材质是枣木，用法是固定钻子，并且可以根据钻子的长短来左右移动控制距离。

图 17　老墩

② 铁针（图 18）。固定钏子的中心点，起到固定钏子的作用。

图 18　铁针

③ 架子的固定步骤（图 19）。

图 19　架子的固定步骤

　　注：在第一步中当距离相对远时采用如图 20 脚部固定，当距离较近时则不需要木棍，采用如图 21 固定。

图 20　距离远时脚部固定

图 21　距离近时脚部固定

（2）操作工具介绍。

①旋刀（图22）。它分为大、小旋刀。使用时先用小的旋刀把钏子抛得相对平滑，再用大旋刀继续抛光得更加精致。

图22　大小旋刀

②钻子（图23）。小眼钻：钻两个小孔，然后打通两个孔就会成为长形（图24）。顺眼钻：得钻两个方向，才能够打通，需先钻底下（图25）。大堂钻：放堂，大堂钻得短点，容易固定，太长了不好控制。钻最大的眼，里边大，外边小（图26）。

图23　钻子　　　　　图24　小眼钻　　　　　图25　顺眼钻　　　　　图26　大堂钻

③划刀（图27）。

图27　划刀

④马牙锉（图28）。

图 28　马牙锉

⑤手弓（图29）。手弓上的绳子原先是皮子的，多用牛皮、猪皮。手弓把手那是活的，手使劲攥着皮子就紧了，以便拉着钻转。

图 29　手弓

⑥小锯（图30）。目的是把小眼钻的两个孔锯成一个长方形小洞。

图 30　小锯

⑦怼子（图31）用来做最中间的眼，放枣核钉用。

图31　怼子

⑧挖刀子（图32）。

图32　挖刀子

⑨凿子（图33），凿的时候把钏子固定在架子上。

图33　凿子

⑩钳子（图34）与普通的钳子不一样，它的前端有凹槽用来放枣核钉，还可以用来断铁片。

图34　钳子手绘图

⑪ 硅咕眼（图35）的主要作用是放、取枣核钉。

图35　硅咕眼

⑫ 跥子、跥垫（图36、图37）的主要作用是制作枣核钉上的凹槽。

图36　跥子　　　　　　　　图37　跥垫

除此之外跥子还有以下用途（图38）：

图38　裁剪铁片

⑬圆砧子、平砧子（图39、图40）。

图39　圆砧子

图40　平砧子

除了平时用的钏子，还有一种钏子是两个组合而成（图41），两头是不同孔数的钏子，这种钏子需要专门定做。

图41　两头钏子

在《保定郡志·食货志》中已提到唐朝时就有土贡"席三千领"，宋朝时"席两千领"。安新织席最早始于安州一带。安州处于低洼易涝地区"能赖以养命者，唯织席耳"。这一历史记载解释了安州虽然现在没有织席的但是有做钏子，并且白洋淀仅安州刘家单传的现象。

高尔基曾说："一门手艺的消亡，就代表着一座小型博物馆的消失。"手艺人的坚持，不仅是为了谋生，更是对文化传承的守护。我们记录的就是那些默默无闻的民间手艺人，他们的人生很慢，慢到做好一件事，需要花一辈子的时间，这些手艺人，用老茧与汗水，讲述了他们一生的故事，也用一生的时间，诠释了什么叫匠人精神（图42）。

图42　笔者（右）与手艺人（左）合影

口述：

采访人： 白洋淀唯一做钏子的刘兴旺、刘四代父子两人。

采访人： 您祖上都是在做这个的呀？几代人了？

做钏子人： 四代了，我的老爷爷、爷爷和我父亲都是做钏子的。我十来岁就开始做。白洋淀就我们这一家做。早时候做钏子养不住（家），我老爷爷上了岁数才把这个手艺传给我爷爷的，那时候要都做这个，没地儿卖去，这一块儿只允许一家做，有第二家做，你卖，他家就卖不了，一个安新县只能有一个，河北省只能有一个。做钏子必须得一个人帮着才行，拉锯、劈条儿，一个人扶着，一个人拿榔头砸，劈开再砍了，再上锅煮，煮了再旋，这个麻烦，一个人不好弄。我十来岁就开始接触，不让上学就帮着家里干活，女孩上学，男孩就干活，学手艺。

采访人： 做钏子枣木选择的时候有什么讲究吗？

做钏子人： 得是大枣树，杨柳木特别软，枣树的就特别硬，而且枣木还不走形，还必须得是大枣树，不能是小枣树，小枣树的是拧丝，大枣树的是顺丝。大枣树和小枣树木质其实一样，就是小枣树的木头相当不好做。在砍的过程中，砍得（钏子）大小差不多就行。钏子砍粗了，我钻个十棱的，砍细了，我就钻三个棱，再粗一点，我钻个五棱。

采访人： 您学这门手艺一定很苦吧？

讲述人： 只知道怎么做还不行，还得有手感。原来干活干一天，从早上起来五点到夜里十二点。我小时候做坏了还不行，做坏了挨揍。我十来岁的时候，拿斧子砍钏子条，砍一下午手都流血，流血我就这么攥着。

采访人： 您这些工具都是自己做的啊？

讲述人： 都是自己做的，还容易坏，老坏。钢口还得好，必须得脆，越脆干的活越细，有时候碰着个棱角，就坏了，坏了得赶紧修。这钻使着使着松了、软了，因为老钻这个眼，它就发烫变形，所以工具必须得有好几套。

四、苇席

山东的芦苇太硬不能做席子，白洋淀的芦苇柔软最适合编席（图1）。

图1　编席

俗话说："金圈头，银淀头，铁打的采蒲台"，这并不是指三个村落存在"金银铁"的区别，而是指三个村子像"金银铁"般的珍贵。在我们的走访过程中，发现随着社会的快速发展，越来越多的年轻人选择外出打工，编织苇席技艺的传承人越来越少，"金圈头，银淀头，铁打的采蒲台"专属于水乡的特性也在慢慢地消失。

只有勤劳朴实的白洋淀老人，至今仍然坚持做席，凌晨三点左右起床，整整一天全身心投入到织席中（图2）。

图2　成堆的苇席

据我们的信息员介绍，编席时经常会拉伤手，她七八岁时就开始学习编席，其实就是看着大人干，有时也会去帮忙，看得多了，慢慢地就会了。

面对当前形势，我们唯一能做的就是挖掘、记录那些即将消亡的苇编织工艺。我们深入雄安圈头村调研，与当村的信息联络员一家进行交谈，探讨苇席编织技艺、苇编工具和编席流程。

整片苇席一般分两个部分：席花、边花。席花样式较多。最常见的是平纹、回纹、方砖。

苇席制作流程：（1）选苇。选出 8 尺以上的用来织席，小于 8 尺的多用来打箔、编织其他编织品或者扎把子（也可以用来织席，但是需要接头）。

（2）介苇。用小镰头、铡子或者小拉刀，根据用途、使用不同苇铡子，将一整根芦苇劈开为不同的片数；好的介苇手，介出的芦苇篾片粗细均匀，编织出的苇席平整、不凹席心、不翘角（图3）。

图3　用小拉刀、铡子、介苇

（3）蘸苇或闷苇。就是把苇弄湿。编席用的芦苇要到河（淀）里蘸一遍，或者直接喷上水将其打湿，然后放置阴凉处，待干湿适度时上场碾轧（图4）。

图4　蘸苇

（4）轧苇。其中要把芦苇翻转两次，直到把芦苇扎平、软。碾轧芦苇要讲技术，技术好轧出的芦苇软硬适度，柔韧性强，不披散，不扎手，宜于编织（图5）。

图5　轧苇

（5）落苇（打叶）。用咧板剥皮。芦苇的叶不是一样长的，打叶时需要正拧一下、倒拧一下。也可以在介苇之后剥皮再轧，总之必须把芦苇劈开才能剥皮，否则皮紧包在苇上。劈开之后苇叶就会张开，容易去掉（图6）。

图6　咧板、简易竹咧板去皮、剥皮

（6）投苇。把苇分成高、上中、中、下中、矮五种，以便于在编织不同的部位选用合适的长度。

（7）踩席。从一个角开始织席。大众"人"字席的口诀是：抬（拉）四压三并排二，通常说一个"人"字是一头，芦苇如果劈的窄，织一块席可以织四十二个头，如果芦苇劈的宽则可以织三十个头（图7）。

图7　起头

（8）撬席。撬席前需要把席翻过来，往席边洒水（不洒水的话，芦苇太脆，一窝就折了），然后拉刀（图8）。

图8　撬席

（9）织好的席都要扛到场子上去轧边。这样席才会更平整（图9）。

图 9　织好的席

（10）织好的席开始运输（图 10）。

图 10　席子的运输

口述：
被采访人：邓志庚先生（图 11）。

图 11　笔者（右）与邓志庚（左）先生合影

采访人：您能讲一下当年的苇席吗?

被采访人：老年间，要好儿的人家喜欢在炕上铺花席，屋里吊花席顶棚，成为一种时尚。东北人喜欢用苇"荚子"立粮囤，用苇席苫蔽粮囤。既透风又不漏雨，便于粮食的妥善保存。苇席还是

167

临时建筑中，既经济又耐用的构建材料。苇席供不应求，使越来越多的人投入到苇席的生产中。

采访人： 那之前咱们白洋淀所有的人都会织席吗？

被采访人： 白洋淀的妇女，绝大部分都会织席。到了谈婚论嫁的年龄，婆家先打听："会织席吗？"掌握了这门手艺，就增加了婚嫁的筹码。而成年男子则以会"介苇"、轧苇、摆边出名。总之，能给织席打下手的，才会受到种种优待。

采访人： 之前晚上还织席吗？

被采访人： 白洋淀的妇女，十分勤劳，阳光下介苇，月光下也介苇，风里、雪里，头上戴着毛巾依然介苇。只要坐在那儿，就无休止地穿苇、劈苇、剥苇皮。把介好的眉子扔在身后，半天的时间就堆过了头顶。不过解几天苇，原本鲜活细嫩的小手儿，就变成了一把小"锉"儿。手指头上裂了口子，手掌上长了茧子。要是挠痒痒，就用不着指甲了，只要用手一搓就行了。

采访人： 当时人们喜欢织席吗？

被采访人： 姑娘们愿意织席，因为这活儿在室内干，最起码是在树荫下，可以不受风吹日晒，让她们保持着白皙娇嫩的皮肤。在苇席需求量大的年代，上级部门有好多方法促使人们快织、多织。一片席可以换来一个劳动力的工分，还奖励给粮票、布票、棉花票。即使在"文革"时期，织席也独享了超产奖。重赏之下，必有勇夫。妇女们整天织席，腿脚酸了、麻了，也顾不得站起来活动一下身子。时间长了，让她们意想不到的是，本来一双直溜溜的秀腿，在不知不觉的劳动中，变成了两张弓。

采访人： 为什么不寻求用机器来替代人来织席呢？

被采访人： 由于对产量的急切追求和解放生产力，尽管土洋结合的轧苇机、织席机出现了，但轧苇机只能对苇眉进行通体碾轧，不能根据需要有所侧重地进行碾轧，轧出来的苇眉使着不顺手。织席机虽然能织出席花，但钢铁之躯毕竟比不上女人们灵巧的双手，织出来的席粗糙，没有平滑、柔和的感觉，织席机人们也不喜欢用。直到现在，白洋淀的苇席，仍旧是纯手工制品。

采访人： 您能讲一下织席的步骤吗？

被采访人： 织席的活儿很复杂，有好几道程序。第一道程序是介苇。介苇需要的主要工具是介苇刀、钏子和撬席刀子。介苇刀子一般是一把旧小镰头，能够把一根芦苇劈成两片，钏子、撬席刀子必须得买。卖这个的都是南方人，不知他们怎么知道白洋淀人有这种需求。每到芦苇收割季节的时候，这些操着南方口音的商人就来了。叽叽喳喳、喋喋不休地介绍自己的工具，本地人听不懂他的口音，但知道他是卖钏子、撬席刀子的。他们活做得很好，穿子是用一段儿四寸来长的圆木，把里面掏空安上刀子做成的。有三镂、四镂、五镂之分。左手拿着穿子，右手拿根芦苇，从这边的窟窿眼儿插进去，几片苇眉就从另一头出来了。用的是几镂穿子，就能把一根芦苇破出几根苇眉。撬席刀子有一尺来长，一头是个偏茬的刀尖，用它把松散的席花拨得紧密起来。另一头是个尖嘴，一面圆滚，一面凹槽，便于插入席花，把苇眉茬送进席花里。这一头的边缘很锋利，还能当刀子用，能够截断苇茬，可以说是集多种功能于一身。南方人卖的工具好用，还有优惠条件：今年买了，明年收钱。

介苇时，苇秆粗的用钏子，把它解成三片、四片、五片苇眉。杆细的用刀子介成两片苇眉，但用刀子可不像用钏子那么好掌握。拿刀子的手要和入苇的手配合协调，劈苇的同时还要掌好分寸。掌握不好，就介不到头，或者一片宽、一片窄。这里边的诀窍就需要在实践中去逐步掌握。为了解决这个难题，有聪明人发明了一种"拉刀"。用两块铁片夹上一个刀片固定好，上边安个小滚轮。

用这个"新式武器"介苇，刚学介苇的人也能得心应手。

第二道程序是轧苇。大多数的成年男子把能织一个席的苇眉捆成一捆扛到河边往水中蘸一下，放在一边"闷"着。吃了晚饭或者第二天起早儿，扛到碾场去排队轧苇。他们利用等场子的功夫，先把苇眉"投开"，分成高、中、低三部分，分别摆在碾场子上碾压。尖上少轧，根上多轧，把苇轧得通体柔软、舒展。

第三道程序是织席心。织席起头儿的方法有两种。第一种方法是先从一个角开始织，叫"登角子"，这是传统的织席方法，有节省长苇、占用场地小的优点。第二种方法是从席的中间部分开始织起，叫"打条"编席心。这种方法，是二十世纪五十年代新创的。优点是编织速度快，一片席可由两三个人一起织。不足之处是用长苇多、需要的场地大。不管哪种织法，遵循的都是一样的口诀。普通花席的织法是"抄二、压三、连抬四"。干活利索的妇女蹲在席上，顺手抽一根苇眉，夹在拇指和食指之间。然后双手一抄，已经按照"抄起两根，压下三根，再抄起四根"的规律，把席的经线分为两个层次。然后"唰"一下把手中的苇眉织进去。就好像是戏台上的刀马旦，手中舞动着"雉鸡翎"那样，动作娴熟，姿势优美。不一会儿，脚下就蹬着一片云朵似的花席。1958 年，在织席比赛场上，八个小时，有一个妇女竟织了六片席心。

织席的最后一道工序是撬席。席心织成后，就着手编织边沿部分，俗称"摆边"。席有特定的边花。编织的口诀是"俩三根，俩四根，抄一根，压一根。"一般情况下，一片席织到该摆边的时候，孩子们就该放学了。那时候，小学生们没有家庭作业。放学回家把书包往炕上一扔，就蹲在席上帮大人们摆边。帮忙的来了，织席的大人在疲惫时受到了鼓舞，得到了支援，就抖擞起了精神。一边儿和儿女们说着话儿，不一会儿就把一周的席边摆好了。把席翻过来，用专用的木"五尺"比着，在适合折叠的边花儿处，用撬席刀子用力划一道痕。顺着画出来的痕，把四面儿的边沿都向内折叠好。然后用撬席刀子把苇眉的边茬按需用的长度截齐，再用撬席刀子撑开席花，把边茬插进合适的席花里。苇席四边的苇茬都插好了，一片席就完整成型了。为了让席显得更规整、美观，顺利通过收席人的检验关口。还要把席子轧边、磨边，进行精心整饬。然后把织好的席打成捆送去验收。

那时候，妇女们最关注的是：自己织的席交了多少"头等"；最刺激的是：用奖励的金钱，买来了艳羡已久的衣物；最惬意的是：交席回来，丈夫主动下厨做饭，而妻子带着成就感，理所当然地享受着现成的饭菜。……许多的幸福，冲淡了织席的劳累和艰辛。

口述：

采访人：咱们的芦苇还能编其他的东西吗？您给介绍一下。

被采访人：能编花，工艺品也行。编席、编苇、编篓也还是大田庄有名，圈头村现在大部分不干这个了，因为又累又脏，主要是也不用了。织这么一个能卖个十来块钱，大的小的价格不一样，大的肯定用的东西多，再说编的时间也长，尺寸与价格成正比。

采访人：咱们这儿芦苇能编字，还能编图案是吗？一般是什么图案啊？

被采访人：这个得看你自己，自己想要什么图案就织什么图案，比如编花样自己就会编，也不需要别人教，一看就会了，我自己都把这个摸透了，我自己想编什么花样就能编出来，跟画画一样，你得有灵感。比如回纹的，这个花的，有的织方砖的，太难的就不好织了，这个就跟做鞋垫一样，比如说鞋垫上弄一个几何图样比较简单，要是弄一个牡丹花就不好弄了，更别说是弄个动物图案，我反正是不会，可以织个方砖，别的花不好弄。

采访时间：2017 年 4 月 8 日。

采访地点：圈头村。

被采访人：陈爱菊。

采访人：您制作席子当中搭接有什么讲究，有什么说法吗？

被采访人：这没什么说法，也就是朝一根压一根。织这么一个席，大概有一个钟头就成了。席子我们卖十几块。芦苇用途多种多样，这还可以烧。我们平常做饭就烧芦苇，又没污染。当然，冬天取暖还是烧煤，就做饭烧芦苇。我们芦苇也不多，也就二分地，在村子旁边，得坐着船去苇地。

采访人：再给我们讲讲织席的故事吧。

被采访人：在我们这儿，一般的孩子都会划船，我们叫照船，一般的男人都会织席。就像你叔这个岁数，他小的时候在生产队里需要挣工分，挣工分最多的是戗泥的，因为它累啊，但是妇女在家织席她就能挣过这个大劳动力。那时候，谁家有几个女儿谁家就好过，到年底分钱能分的多一些。生产队有规定，我给你这么多芦苇，你给我织出多少席，因为他们都是织席高手嘛，他就能节省，如果他超产了，那剩下的席就可以自己卖。织席费苇的，手艺不高的，给的苇都不够用。一般像你叔这样稍大一点的人都赶上了，他们这个岁数的织席男的都比女的快，几年就练出来了。整个白洋淀都会织席，放学之后摆了边再去写作业。

采访人：那会儿织席不讲究织花吗？

被采访人：原先我们村就是织席，他那时候都时兴炕席，自己的炕席，他能用这苇疙瘩对出一群小猪，一群小猪低着头在那儿吃食，他不是织的，是用这种苇疙瘩对出来的。不过现在这样技艺已经失传了。

水乡当年介苇、织席、交席的场景

作者：陈爱菊。

你可曾知道水乡人，在寸苇寸金的年代，人们是怎样生活的吗？今天与大家重温昔日的场面。

小时候，我是奶奶的跟屁虫，经常在奶奶家睡觉。奶奶总是在吃完晚饭，桌子碗筷都收拾干净后，把芦苇搬到屋里。然后把门帘掀起一角，以便介苇时，往外伸苇。介苇的工具是镰头、咧板、钏子。钏子是从三孔至十孔。介苇用的钏子最多用到五孔。六孔至七孔是用来编篓和编须用的。介苇时，奶奶便坐上自己心爱的蒲团，坐着蒲团介苇，无论多长时间都不会觉得凉（图 12）。

用镰头介苇，奶奶最拿手。只见奶奶就像变魔术似的，芦苇在她手中划过，瞬间变成两片，然后拿着咧板，把苇皮去掉。整个动作一气呵成。芦苇稍微粗一点便要用钏子介苇（图 13）。介苇的时候，非常小心，生怕把苇片介宽了。那样苇片宽了织出来的席就不合格了。交席就会扣工分。那时席宽五尺五，长一丈。每片席宽处头数是二十八点五个头。一头指的是六根苇。有时介苇走手了，织成的席是三十个头。

我在奶奶的介苇声中睡觉早就习以为常。有时睡到半夜醒来，见奶奶还在介苇，便问奶奶："还不睡觉呀？"奶奶总是笑着回答："再介会儿！"介苇工作多半宿那是家常便饭。一宿睡不了多少觉。

在那时，轧苇是要排队的。也只有排队是奶奶真正休息的时间。问到谁家排最后，便到那家去排队，捎带串会儿门。告诉人家你在他家之后排队，别人也好知道到时叫你轧苇（图 14）。

图 12　蒲团

图 13　用钏子介苇

图 14　轧苇

　　轧苇的场子每天都轧多半宿的芦苇。住在场子周围的人，早已听惯了轴轧苇的声音。它就像催眠曲，睡觉睡得可香了！

　　织席——人们是把苇抽好后，从登角开始织的。登角织席最大的优点是：节约用苇！比苇织席压茬截不下去多少，撬茬也截不下去多少。因为那时从生产队领回来的芦苇是有数的。稍微浪费就织不出席的数量。

登角打条，打完条就把长苇织得差不多了。接着就织口子，织口子用的是短苇。把口子织好断上角，就掉回头织二苇。等织会二苇后，有时会把编摆好。然后把席贴到墙上，因屋内不宽敞，只能这样贴着织。席织多长，用苇估算尺寸，这样就能量出织了多长。

晚上，在煤油灯下织席。有时晚上一人织不成一个席，我二姑和老姑便一人织一个头。每人织够五尺，然后再一起对着织。对的时候，要把席两边的头数数好。也就是要席两边头数相同，然后对着织。横竖都对着织完了，就剩摆边、撬席。织好的席都要扛到场子上去轧边。这样席才会更平整。

交席有时隔五天一交，有时隔十天一交。每次人们都会把席扛到桥东去交席。交席也要排好长时间的队。我自然每次都跟着去。高兴地追逐着，跑累了，便顺势躺在席上玩。大人们看离收到自己这还早呢！干脆回家干活。让我们小孩看着，等估计差不多快到了，再过来交席。

那时，收席的人，手拿一个类似特大号的毛笔刷子，旁边放着装着黑颜色墨水的小水桶。席合格了，便用刷子在桶里蘸上色，甩上一条长的竖线，不合格的便打一横线或打一 X 线。人们生怕自己的席不合格。若不合格，就会刨去两毛钱。生产队的席每片七毛。相当于一个劳动力一天的工钱。

交完席给开一收据条，等小队开支时，把票据交上去。生产队每十天开一次支，开支也不完全开完，只给一小部分，其余等年底结账。由于织席能挣工分，那时，谁家大姑娘多，谁家日子就好过一些。那时许多小伙子们都会织席。

现在，织好的席会每天都会有商家来收，然而我还是会经常想起我小时候的场景！

五、苇编花席

被采访人：田荣承（图1）。

图1　笔者（左）与田荣承（右）先生合影

采访人：您能讲一下白洋淀的苇编吗？

被采访人：白洋淀上有十二万亩苇田，以芦苇做原料的白洋淀苇编生产是白洋淀主要的生产活动，也是白洋淀人民赖以生存的生产活动。在长期的生产活动中，白洋淀人民创造了多种苇编生产，苇编鱼篮、虾篓、苇箔、席等。

苇编席是白洋淀规模最大的苇编生产，苇编席的产区不仅仅在白洋淀各村，白洋淀周围的各村也有，即使是离白洋淀较远的区域，也有苇编席生产。

苇编席以糙席最为普遍，糙席工艺比较简单，席面只有一种席花，又好织，又好记，口诀只有一句话："抄二压三连抬四。"

苇编席的制作工艺也在不断改进创新，一些能工巧匠创作出各种席面的"苇编花席"，席面图案不断翻新，如回纹、桌面纹、平纹、人字纹、彩纹，形成许多品种的传统花席。

采访人：您能讲一下编字花席吗？

被采访人："白洋淀苇编字花席"是对"传统花席"继承和发展，是白洋淀芦苇产品的新创作、新发明。"苇编字花席"吸取了"传统花席"编织技巧，巧妙地运用到"苇编字花席"中，如多纹的变化、倒角等，巧妙地把回纹、桌面纹运用到"苇编字花席"的席面中（图2、图3）。

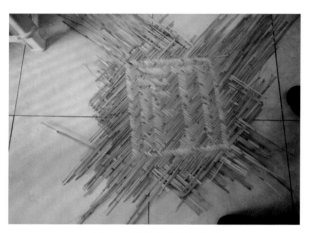

图2　"苇编字花席"（1）　　　　　　　　图3　"苇编字花席"（2）

"苇编字花席"把白洋淀优质芦苇破解成五毫米宽的苇眉，经过去皮、水浸、轧碾，成为柔软、光滑的熟苇眉。运用苇席编织纹路变化织成席面图案的原理，研究、创作编织出席面的各个部位。

"苇编字花席"的席面图案由"字"和"方砖"、"方围"图案组成，"字"为五纹黑体美术字，端正、工整，笔画均匀，"方砖"为三纹苇编，线条清晰、明朗、美观大方。"传统花纹"为"方围"。

"苇编字花席"由250根苇楣作经线，由250根苇楣作纬线，织成8个"字"，八个"方块"，4个"方围"。"苇编字花席"的规格为长2米，宽1.3米，字长宽为30厘米，周围"方块"环绕，"方块"之间是笔直的小径，如小河分成的苇塘。

如果制成装饰品，可选择30厘米无节苇段，破解成2毫米的苇眉编织成"小型字花席"，字长宽为14厘米，由3个字组成，如"精气神""福满堂"等。

采访人：您能讲一下苇编花席与传统花席的区别吗？

被采访人：苇编字花席具有不同于传统花席的特点：一是原料独特，白洋淀优质芦苇，纯天然绿色产品。二是席面图案独特，能用苇眉编出"字"的席面图案。三是"苇编字花席"既能美观席面，又能融入时代文化。白洋淀"苇编字花席"编织成的"华北明珠，美丽白洋""春满白洋，美丽水乡"等图文并茂的图案，蕴含浓厚的文化气息，记录了历史，歌颂了时代，赞美了家乡。

"苇编字花席"继承"传统花席"是在于它的发展，它的创新。它的创新是在形式上一改"传统花席"的席面花纹单一，它由单一的花纹变成字和花纹的巧妙结合。另外，它的创新是新在内容上，它由单一的装饰增添了反映社会、生活的文化内容。最后，它的创新是新在前景上，它代表了一种新的产品进入社会，它将作为新的商品融入商品经济的流通渠道。

六、苇箔

    苇箔是白洋淀的重要苇制品,用途多样,现在打箔的人家也相当多。苇箔透气性好,可以用来晾晒蔬菜干、水果干。苇箔也是农村盖房子时铺在房檩上第一层覆盖物,同时也是出汕捕鱼必备品。先前人们是在地上进行打箔,如今多数在架子上打苇箔(图1)。

图 1　打箔人

苇箔制作:

(1)去皮。用打皮穿子把给芦苇去皮(图2)。

图 2　去皮

（2）去根、尖。把去皮的芦苇用刀具剁掉根、尖保留需要的长度（图3）。

图3　芦苇切割工具

（3）洗刷。冲刷使之洁净（图4）。

图4　用刷子冲洗芦苇

（4）打制。开头织的时候先绑一个小竹竿，再往上编芦苇，架子上共有18道线，编的时候芦苇要一正一反来往上放（因为芦苇一头粗，一头细，如果不来回倒，打长了两边就不齐了），每隔一道线编一下，来回倒，一道线打两根苇，编的时候后面的绳要先往前打，再把前面的绳往后打，每编一吊链都要放一个小竹竿，再接着往上编，编的过程中遇到有不够长的芦苇就拿短的芦苇接一下，接的时候要把两根芦苇插紧，苇箔两边各挂一个砖头，这样编好的苇箔能够靠着砖头的重量往下走（图5）。编到结尾的时候再绑一个小竹竿，这样就编成了。然后再拿剪刀把两边参差不齐的芦苇剪齐。

图5　苇箔两边挂砖头

随着科技的快速发展，如今发明了用机器来制作苇箔（图6）。

图 6　机器制作苇箔

箔的尺寸：箔有 6 尺 ×6 尺，6 尺 ×12 尺，9 尺 ×6 尺，9 尺 ×12 尺，9 尺 ×9 尺，8 尺 ×6 尺等不同尺寸。

打苇箔已经成为白洋淀人民生活的一部分，甚至在眼睛已经看不见的时候，这些手艺人却依然能够坚持打苇箔（图7）。

图 7　手艺人打苇箔

七、盖垫

盖垫（图1）是白洋淀常见的苇编织方法，图案多种多样，织法（图2、图3）与苇席相似，但是需要从中心开始编织，并且需要反正芦苇（一根皮朝上，一根皮朝下，否则将正反强度不均，容易褶皱），盖垫的花纹多种多样（图4）。

图1 编织盖垫

图2 挑一压一法

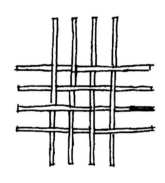

图3 挑二压二法

盖垫用途：（1）主要用于做饭或蒸馒头时盖大锅用，扁平的编织盖垫使得其即密封又透气，也常用于多层盖笼屉的顶层用。这种苇制锅盖被白洋淀人民长期广泛使用，因透气性强，蒸汽流通快，蒸物不易"闷汲"，蒸出的馒头清鲜可口。

（2）还有一种用法，也会用于盖在水瓮上。就是以前白洋淀是没有自来水的，所以家家户户都有一两个盛水的水缸，而这苇编的盖垫正好作为水缸的防尘用具，并且还透气，不至于使水缸里的水因放置的时间变长而产生异味。

图4 各种花纹的盖垫

八、苇编织品

白洋淀苇编历史悠久，闻名天下，劳动人民以其非凡的智慧，灵巧的双手编织成形式多样的篓子，它们用处各不相同。

胜芳李守安先生（图1）与妻子高建云深知苇编技艺的重要性以及面临失传的险境，自2016年起自己买来芦苇，四处寻找会苇编的手艺人，搜集不同种类的苇编品，在自己的家中收藏起来（图2），日积月累家变成了苇编品的博物馆，这里边的每一个苇编品都在诉说着曾经的辉煌。我们能做的就是将这些手工艺品的制作过程记录下来，也是记录专属于水乡的一份记忆，愿有未来可奔赴，亦有岁月可回首。

图1　笔者（右）与李守安先生（右）合影

李守安先生的笔下这样来描述自己的家乡：石沟村，原名六龙庄，坐落在天津西，胜芳南，文霸两县交界的地方，原大清河北岸，石沟村原有天主教，戏楼，北大寺，玉和庙，三和庙，火神庙，西头庙，槐家码头等，乾隆皇帝下江南曾经路过石沟村，过后更名叫大营，后又改为石沟村，村紧靠大清河北岸，河的南岸是千里堤，是通往繁华小镇胜芳的必经之路，可以说石沟是胜芳的水岸码头，自古有金石沟、银胜芳的说法。石沟村原有旱田、苇田，东西两泊有鱼、虾、蟹、芩角、芡头、藕、水稻，是鱼米之香的宝地。

图 2　李守安先生家中收藏的苇编织品

（一）装藕的篓

白洋淀人们发明了一种装藕的工具——篓，用芦苇编织而成，将藕放进篓子中，篓子放在小木推车上，并排可以放两个（图 3、图 4）。挖藕是一件特别辛苦的活，现在白洋淀已经很少有人继续从事这份工作。

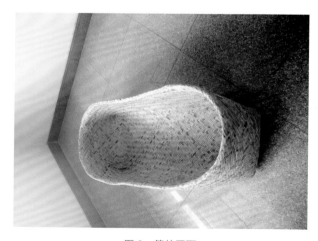

图 3　篓的正面

图 4　篓的侧面

（二）装粮食的篓

白洋淀湿地的主要粮食作物是水稻，到了秋天，水稻晾干后就放在这样的篓里（图5、图6）。这种用芦苇编的篓子，一是防潮，二是通风效果好，便于保存。篓子开口较大，方便取用。篓子没有固定的尺寸，可承担一定重量的粮食。

图5　装粮食的篓　　　　　　　　　　　　　　图6　篓背面

（三）夸丝

夸丝用来逮螃蟹的（图7、图8）。使用的时候将篓子直立放在水底，里边放上食饵，水底下大多都是松软的泥土，螃蟹闻到食饵就会很容易钻进去。

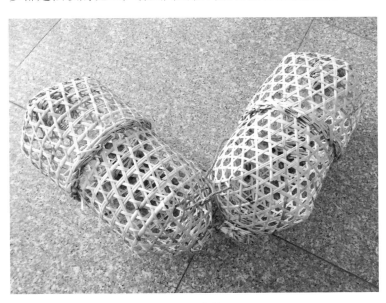 

图7　夸丝　　　　　　　　　　　　　　　图8　夸丝局部图

（四）压菜篓

包饺子跺菜的时候，汁液很多需要挤出来。把跺好的菜放到压菜篓（图9、图10）里边，上边放一个木板，利用杠杆原理，将汁液挤压出来。

图9　压菜篓正面

图10　压菜篓背面

（五）王八壶

王八壶是踩高跷的人背的装饰品，不是用来装王八，现在没有什么实际的用途（图11）。

图11　王八壶

（六）螃蟹筒子

螃蟹筒子，主要用来装螃蟹（图 12）。用螃蟹筒子装上螃蟹浸在水里，螃蟹跑不出来，也不会死亡。

图 12　螃蟹筒子

（七）粪筛子

粪筛子，顾名思义，就是用来筛粪的（图 13、图 14）。因冬天的时候气温较低，牲畜的粪便容易结块，不能使用，所以需要筛粪。先将粪便击碎，一个人用铁锹往里锄，另一个人来回晃动粪筛子，碎块就漏下去了。

图 13　粪筛子背面

图 14　粪筛子正面

（八）独立篓

造型特征： 独立篓是一种逮鱼的工具，造型非常奇特，也很美观。高 120 厘米，大口 36 厘米，内二口 30 厘米，尾部小口 6 厘米。一共两层（图 15）。

图 15 独立篓

作业方式： 使用时要放在浅水里，一般是 10 厘米深的水，边上做上 20 厘米高的埝（埝就是软泥做的用来挡水），把埝往下弄点，把篓放上去，大口朝里，另外一端的小口用杂草堵上，放平就好。水只能从篓里边流，鱼随着水从大口进，然后穿过小口，进入第二层，因为第二层比较大，水比较浅，所以鱼一旦进去就够不到进来时候的小口，就出不去了。在浅水里边，只能逮小鱼，鱼多的话一天倒 1—2 次，鱼少的话倒 1 次就行。

捕捞对象： 能逮 10 斤以下的鱼，不过都是些小鱼，有小白条、麦穗儿、爬地虎、虾、水蝎子，还有其他小鱼。

（九）鱼护

鱼护（图 16、图 17），体积较小，携带起来非常方便。使用时绑在腰间，弯腰劳作的时候水会进入鱼护，把鱼放进去，不至于因缺水而死。

图 16 鱼护

图 17 鱼护内部

（十）鱼包

鱼包是用来盛放鱼的篓子，它体积较小，可放鱼也可放菜，主要供赶集时用扁担挑，这种挑的方式比较省力，鱼包放在扁担两头，一边一个，携带起来很方便（图18、图19）。鱼包的编织方法也比较讲究，采用双编，显著区别是里面有个内胆，有三个优势：一是防潮，内胆上可放一个潮湿麻袋，从而防止鱼干死。二是保持干净，内胆不会沾地。三是结实，里边都用胶皮或者布之类垫着底部。

图18　鱼包底部　　　　　　　　　　　　　　　图19　鱼包正面

（十一）鸡罩

把小鸡放在鸡罩里，既能约束小鸡，又方便小鸡透气（图20、图21）。

图20　鸡罩背面　　　　　　　　　　　　　　　图21　鸡罩正面

（十二）篮筐

篮筐（图22），主要用来拾柴火。制作篮筐的芦苇不用压制，直接劈开就可用。

图22　篮筐

（十三）篮

俗话说："人好色，鱼好篮"，篮是白洋淀人民用来捕鱼的一种工具。

造型特征：篮筐用苇条编制，有上下两个相同的部分构成，上下相连接（图23）。篮的整体造型呈镂空状，可以装鱼虾，便于携带，生活中用途非常广泛。

作业地点：篮是在小河沟里捞鱼的工具，渔民用它捕获不同种类的鱼。

图23　篮

（十四）鞘

鞘是用来逮大鱼的，其形状如图 24 所示：

图 24　鞘

（十五）掏灰箕

掏灰箕（图 25、图 26），主要用于掏灰。

图 25　掏灰箕正面

图 26　掏灰箕背面

（十六）苇箔

拦鱼用的苇箔，具体见图27。

图 27　苇箔

（十七）螃蟹篓子

螃蟹篓子的形状如图28所示：

图 28　螃蟹篓子

（十八）漂篓

使用方式： 白洋淀渔民划船捕鱼归来时，经常会将打回来的小鱼、小虾放到漂篓里面。在淀边水里来回晃荡、漂洗，把篓里的水草、泥土、杂物等清理干净。

造型特征： 漂篓（图29、图30）外观造型很像筐，由于芦苇本身质地松软，漂篓底部四个角很容易磨破，白洋淀人民在编织成漂篓后都会用布将四个角缝上，起到保护作用。漂篓圈里边还需要绑上起到定型作用的框，外边加上保护框，否则芦苇承担不了很大的重量。

图29　漂篓

图30　漂篓背面

再江任捕天钓天月治鸶鹭鲨愿及峯逄每千木伯千九圈日暮渡浑白
把晚自峡夷登奎纳乡三熊翔针采满浮柯流重麦圈河鞘浮白
功鱼净榆　设　　辰　　　　宝湾栗　　逗

第三篇　造船记

白洋淀不仅是一个芦苇编织的世界，也是一个捕鱼多样的区域，更是一个舟船穿梭的天地。
之前白洋淀家家户户都有自己的船，
捕鱼季便全家生活在船上，亲人在，船停靠在哪儿都是家。
一叶扁舟，温柔了岁月，温暖了一生记忆。

一、造船技艺

在白洋淀采荷花、出行以及捕鱼等都离不开船（图1、图2）。

图1　采荷花

图2　出行

在白洋淀有这样一个村庄，"靠水不治鱼，造船不驶船"，它就是造船之乡—马家寨。

枪排、下卡船、四仓、六仓、鹰排等不同的活动需要不同的船只，但是这难不倒马家寨的能工巧匠。

马家寨原名四门寨，过去村四头都有门，东西南北都有城门楼，四边都是水，必须由吊桥进去。

白洋淀每个村子都有自己的谋生特色，民间流传着一句顺口溜，生动地描述了这一现象："四门寨的叮咣叮咣的，烙饼擀汤，马村臭鱼烂筐，边村织席扒篓。"其中马家寨叮咣叮咣的生动地描述了四门寨修船、排船时的场景。

造船专家—李老田先生（图3），今年86岁。祖祖辈辈都会造船，他从十一二岁就开始排船。生产队的时候，他都是一直在排船。过去是单户，生产队的时候就是归国营了。1958年，造一条船能卖三百多块，直到白洋淀有水了之后，这价格才上去，主要是工资也高了。过去造船用的工具比较笨，都是手工。排船用的钉子，原来几毛钱一斤，现在十元一斤。过去的笨钻是木头的，后来

图 3　马家寨造船匠人—李老田

就改成了轴承的，大大提高了排船的效率。

造船用的木材有榆木，松木，槐木，枣木，柏木等，其中柏木的最好，但价格比较高；枣木的比较沉，枣木船不能长期在水里沤着；榆木虽然比别的木头结实，但是不经沤。

造船之所以叫排船，是因为船是用一块块木板排的，所以叫排船。一艘船是六十多块板子，排到一起。

口述：

被采访人：邓志庚先生。

采访人：那么马家寨的造船技艺是如何传承的呢？

被采访人：马家寨村几乎家家户户都有自己的造船、修船师傅。技术的由来，有的是祖传，有的是拜师学徒。正规的拜师，先拜祖师爷鲁班像，然后磕头拜师傅。徒弟对师傅的尊重和感情，与父子之间的亲情不相上下，所以有"师徒如父子"的说法。

根据马家寨村的传统，徒弟从少年起就跟着师傅学艺。不过有个特点：师傅教的少，自己悟的多。师傅们从不给讲解，全凭你跟着师傅干活时去领悟。首先，你得对造船、捻船手艺感兴趣，发挥出主观能动性，才能把手艺学到手。并不是只要生在马家寨，就天生的会造船、捻船。

采访人：一般情况下徒弟跟师傅学习什么呢？

被采访人：刚学时，主要是练基本功，这基本功都是累活。就说拉钻吧，过去的钻，就是在铁钻头上安个木柄，木柄上缠一段绳子。师傅掌钻，你就站开骑马蹲裆式，左右手各持钻绳的一端，晃开两臂，拉得绳子裹着钻柄转起来，钻得木头直冒烟。钻一个眼，你就会气喘吁吁；钻两个眼，你就会脑门子冒汗；钻三个眼，你后背就被汗水湿透了。你要是怕腰酸胳膊疼，放弃了，这辈子就干不了这活。你要能咬着牙坚持下去，拉得双臂有了力气且熟能生巧，拉起钻来才会轻松自如，这道关口你就算闯过去了。还有拉锯，锯有好多种，最卖力气的是拉大锯。大锯的锯弓有六七尺长，三尺多宽，锯的重量就有三四十斤。把需要破板的大树架起来，一人登在上面，一人蹲在下面，你推我拽，你拉我推，没完没了。夏天头顶炎炎烈日，冬天冒着刺骨寒风，没有休止地拉着。没有力气和毅力，木料变不了木板。有了一定的基本功，就该学着配合师傅排船、修船了，这叫"供作"，也就是给师傅打下手。供作得有"眼力见儿"，师傅的一个眼神儿、一个动作，你就得知道要干什么。干着手里的活，你就应该知道下一步要干什么，能够想在师傅前边、动在师傅前边，让师傅满意。这时候，师傅会不经意地随口把诀窍传给你。要是支支动动、不支不动，一辈子也出不了徒。

采访人：捻匠手艺人的社会地位是怎样的呢？

被采访人：干一行爱一行，舍得下功夫，不怕卖力气，再加上心灵手巧有悟性，才有可能把技术学到手。学会了捻匠手艺，大了不敢说，一辈子的饭碗算是有了。自己开船厂、办公司先不用说，就是给别人做工，也会被待为上宾。捻匠们管"家伙斗子"叫"三块板儿"，有句俗话："背上三块板儿，走到天边有饭碗儿。"他们捻船时，用斧头击打着捻凿，准确地用捻凿把油灰麻板塞到船缝里面，双手配合协调击出铿锵有力、富有音乐节奏的响声。一边捻船，还可以和你聊天，口里哼着小戏儿，显得轻松自如。"人熟不讲礼"，彼此混熟了，也有人调侃他们："瞧你美的，你是干活哪还是玩儿呢？"他会笑着说："叮咣凿咣，烙饼擀汤，不给好吃的还不行呢！"

采访人：您能讲一下各种类型船只的用途吗？

被采访人：马家寨制造的船只，不仅种类繁多，而且用途广泛。大型运输船有载重几十吨的大对艚、艘子、舿子等，形体周正美观，滴水不漏，经久耐用。那些小型船只，每种船都有独特的样式，非常适合白洋淀的生产生活。"大六舱"船体修长、"起翘"大，划起来省力速度又快；船赶宽平非常适用于抢泥、割苇、打垡子等水上活动。"四舱船"能立桅挂帆，人力、风力并用，大舱宽敞可以眠宿，是理想的水上生活船。"鹰排"船形窄长，形如梭，转向灵活，可以在浪尖上穿行，追鹰逐鱼，轻巧灵活。"鸭排"船体轻，吃水浅，小巧灵活，可以在仅有半尺深的牧鸭场驱赶和聚拢鸭群。"枪排"为猎取鸟禽专用，船体浅而长，可以安装猎炮"大抬杆"，两门火炮一高一低，相继发射，增强了火力覆盖面和杀伤力。后"搪浪板"上还设计了一个月牙形瞭望口，便于推船掩进时观察鸟禽聚合情形。

令人惊奇的是，船的种类如此之多，每种船都有各不相同的拼排尺寸。请来马家寨的捻匠，只要告诉他排个什么船，或者说干什么用的船，他用不着设计、画图纸。只埋头干活，仅用十几个工时，就把你心中的船摆在你面前了。过去，大部分的捻匠没怎么上过学，有的甚至大字不识，竟然掌握着一套如此实用的知识。

采访人：您能讲一下捻匠的绝活吗？

被采访人：马家寨的捻匠经常和选料、买树、修船、造船打交道。一代一代地传承下来，不断交流和积累经验，掌握了许多非常简便实用的绝活。

白洋淀的船，多选用笨槐（小叶槐）做木料。这种树价格较低，但木质坚硬，不怕水沤，是造船的上好材料。

白洋淀是个存水的地方，洪水一来，树木都被淹死。不光长不了大槐树，什么树也长不起来，要想排船，就得到旱地去买。小家小主的，排个新船不容易，要是买棵槐树打了眼，不是空了就是朽了，不就要了穷人的命了？所以买树排船，都得请马家寨的捻匠跟着当参谋。

马家寨的捻匠一看长着的树，就能断出木质的好坏。有无蛀虫、开裂、树洞等毛病都能一看便知。他们的诀窍在哪呢？他们看一棵树时，他们先看树上有无干枝。有干枝叫"焦梢"，他们的经验是：上有焦梢，下有"底拔"，底拔就是树的根部起码三尺以内腐空了。提前看出毛病来了，心里有了底码，就看价钱如何了。要是价钱低，刨去树病的损耗仍然合适，就可以买。要是价格和好树一样，谁还上这个当呢？

再就是观察树身上有无树疤，树疤就是砍去树框留下的疤痕。树疤分干疤和水疤，如果疤痕干燥不朽，里面木质就没有问题；如果疤痕潮湿，上面还有绿苔，可以断定里边木质有毛病，起码疤下三尺是空的或是朽的。捻匠师傅把树的毛病告诉你，你再去和树主讨价还价，心里不就有了谱啦？

最重要的是观察树皮。如果树皮光润美观，里面木质当然是好的。如果顺着树身有凸起的条痕，这叫树龙，捻匠师傅的经验是"外边有龙，里边有凤（缝）"，有树龙的树，里面是空的。这样的树，多便宜也不能买。

马家寨的捻匠买树，还有一手绝活，那就是一看地上长着的树，就知道能出多少船的木料。方法非常简单：用手量树，迈步测影。

如果要排一只六舱船，他们的经验是"五手丈八，算到老家"，就是说，能排一只六舱船的树，至少得有五手粗，一丈八尺高才够。在此基础之上，树围每增加一手，就能多排一只六舱。他们用手量树围时，双手举起高与肩平，张开双手掐着树身，一巴掌长再加上中指的一节叫作"一手"。加上中指的一节，就刨去了树皮的损耗，因为树皮是不能当作木料使用的。

在地上长着的树，怎么量它的高度呢？他们的方法是步量树的影子，量树影得按时间说，辰时测量树影，影子是树高的二倍；巳时测量树影，树影和树的实际高度一样。用这种方法来测量树的高度非常省事？当然，咱们说的只是个大概的意思，一个时辰有两个小时呢，时辰的开始和末尾，树影的高度肯定有变化。所以实际操作起来，还有更细地说道。

长在空地上的槐树，没什么东西妨碍手脚，当然好伐。问题是有很多槐树长在人家的房前屋后，还有的长在狭小的庭院里。树小的时候，主人还挺稀罕，长大成材之后却影响了家庭生活，有堵了道妨碍通行的，有荫翳蔽日影响采光的，反倒成了主人家的一块心病，急于请人把它除掉。这样的树要价可就低多了，给钱就卖。不过有个条件：伐树时不能伤害了周围的建筑物，这道难题一出，常使很多买树人望而却步。

艺高人胆大，马家寨的捻匠专爱接这个活。他们伐这样的树，不再采用先从根部锯断再卸框的一般方法，而是本末倒置，从树尖伐起。先把树冠上的小枝小杈砍伐下来，再卸树框，把最高的树框用绳索拴在次高的树框上，最高的树框被锯开之后，被绳索吊在了次高的树框上，用绳索把它轻轻送到地上。再把次高的树框拴在第三高度的树框上然后砍伐，就这样依次把所有的树框伐光。只剩下树干以后，再采取断节的方法，把最高的一节，拴在下一节上，断开之后，第一节被吊在了第二节上，用绳子把头节系下来，再把第二节拴在第三节上，这样一节一节断开，直到伐完为止。有时因为树主家的门口太窄小，伐断的圆木出不去门口，捻匠师傅就地在圆木上放线，锯成木板。就这样，把一棵大槐树肢解开来，零打碎敲地运走。

买这样的树，用一只船料的价钱，能买三只船的木料，像这么精打细算，发不了财才怪呢！人们把马家寨捻匠这种本末倒置的伐树方法戏称为"大卸八块"。

俗话说："树倒身曲"，就是说，树在地上长着的时候，一看挺直溜。等伐倒之后，就看出弯度来了。一棵有弯度的树，如果直线放开，得浪费很多木料。怎样才能做到物尽其用呢？马家寨的捻匠在造船实践中，摸索形成了一套利用大树的弯度，随弯就弯放板使用的科学取料、用料方法。

　　马家寨的捻匠在给木料放线时，有独到的一手：不是放直线，而是放弧线。人常说："木曲中绳"，意思是木头是弯的，放出线来是直的，这样就可以弯中取直，这是木工的一般方法。马家寨的捻匠却能因形取材，根据船上不同部位所需要的弧度，在木料上放出弧线来，做到"放线一手准"，再按所放的弧线拉锯破板。放好的板材或顺曲度使用，或用船钉较劲，以达到需要的弯度。仅此一招绝活，就不知节约了多少木材，怎么会不受老百姓欢迎呢？

　　白洋淀的船种类繁多，每种船又有其独特的造型，可想而知，船与船以及船的各个部位，其尺寸肯定是各不相同的。造船的程序又非常繁复：钉墩、编底、上托、上梁板等等，排一只船共有十九道工序。

　　如此复杂的排船活路，从不见捻匠师傅们思考、计算、比量。就见他用那锛、凿、斧、锯来回折腾，每做成一个部件，放在需要的地方，严丝合缝，分毫不差。究问起来，他们一无图纸，二无笔记，全凭脑子记着呢。这套功夫，对于一个没有多少文化，或者根本就没有文化的"草根"师傅来说，真是难能可贵的。攀谈起来，他们说："要造一只船，心里早有了一只现成的船；做哪个部件，心里早有了哪个部件的形体和大小尺寸。现时想哪还来得及呀？""胸有成竹"不就是说的这个意思吗？

　　再就是"换印子"。一只船受了伤损，需要把坏的部分换掉。只见捻匠师傅用斧、凿、镂锯等工具，把有病害的地方剔除干净，现出一个不规则图形的船洞来。不用尺量，也不比印、画线，只扫了一眼，然后选一块认为合适的板料，用斧子砍一回，用锯锯一通，做好了一端详，需要时再打磨，安放在船洞上，方对方，角对角，形状、大小正合适。然后钻钉固定，再用刨子一刮，既严实又平整，甚至比原来还好看呢！这不也是绝活吗？

二、船的类型

鹰排： 速度快，较其他船窄小且尖，在牧鹰时轻快灵巧，转弯方便。这种船的船底窄小，遇风浪能在浪尖上行驶，有点劈波斩浪的意思（图1）。

图1　鹰排

鸭排： 船宽，装料多且船比较低。可以多装鸭子饲料（图2）。

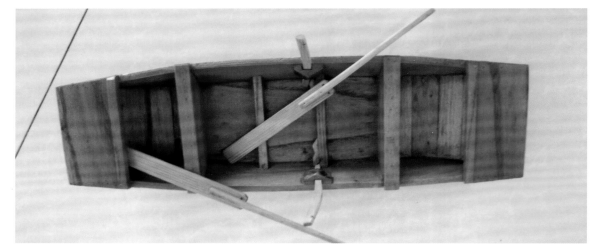

图 2　鸭排

枪排：详见图 3。

图 3　枪排

庄稼排：详见图 4。

图 4　庄稼排

三舱：详见图5。

图5　三舱

四舱：详见图6。

图6　四舱

六舱：六舱是用途最广的一种船，可以戗泥、打芦苇、捕鱼（图7）。

图7　六舱

三、冰床

冰床是白洋淀区人民用来在冰上交通、运输的工具（图1）。

图 1 冰床

冰床上边放的排子：原先的排子完全是用芦苇做的，下边放上几根木棍支撑。两边可以用木头棍或者竹子起固定作用。图 2 中是为了省事加了竹子。

图 2　冰床上的排子

冰床的用法：详见图 3、图 4、图 5。

图 3　运输芦苇的冰床

图4　赶集时的代步工具——冰床

图5　人拉冰床在冰上前行

如今交通方式越来越便利，但是白洋淀人民依然怀念当初坐着冰床驰骋冰面的感觉。

四、造船工具

造船匠人所用工具箱（图1）尺寸及其内部结构（图2）。

图1　工具箱

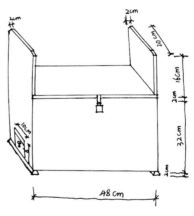

图2　工具箱尺寸

凿：钉凿（图3）、快凿（图4）、捻凿（图5）及尺寸（图6）。

图3　钉凿

图4　快凿

图5　捻凿

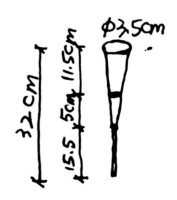

图6　捻凿尺寸图

203

手工锯及尺寸：详见图 7、图 8。

图 7　手工锯

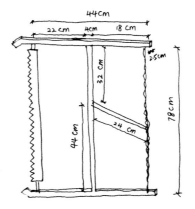

图 8　手工锯尺寸图

手工刨：详见图 9、图 10。

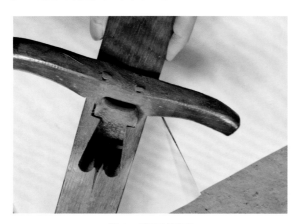

图 9　手工刨正面

图 10　手工刨背面

斧：详见图 11。

图 11　斧

钻及其尺寸：详见图12、图13。

图 12　钻

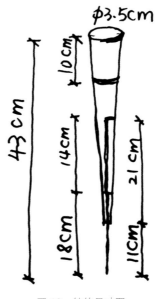

图 13　钻的尺寸图

尺子及其尺寸：详见图14、图15、图16、图17。

图 14　长尺

图 15　长尺尺寸图

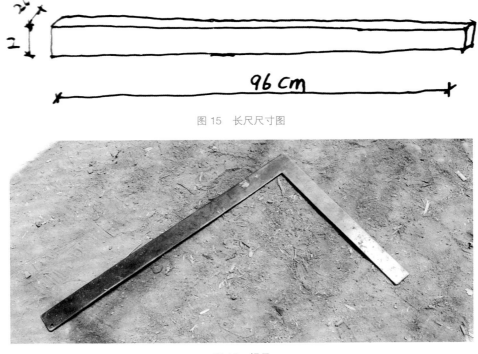

图 16　拐尺

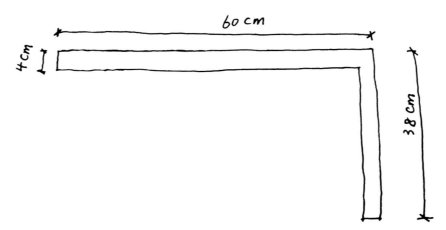

图 17　拐尺尺寸图

钉子：详见图 18。

图 18　钉子

墨斗：详见图 19、图 20。

图 19　墨斗背面

图 20　墨斗正面

其他工具：详见图 21、图 22、图 23、图 24。

图 21　桐油

图 22　秋刨

图 23　麻丝

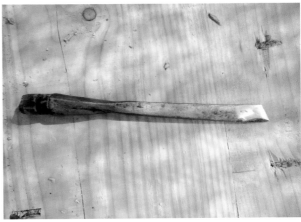

图 24　斜铲

口述：

采访人：为什么船不刷漆呢？

被采访人：刷漆保护的时间短，这风吹日晒的，水一浇就没了。北方用桐油的少。我们这儿也刷过漆，是等桐油干了以后刷一层透明漆，看起来特别亮，桐油保证不裂，漆保证让它亮，刷了漆还好看。二十世纪六七十年代，是没有透明漆的。但是，桐油是从开始造船的时候就有了。

采访人：那船是都刷一遍桐油吗？

被采访人：都刷一遍它就裂不开了。你不是得捻那个缝吗，你还得捻满，要不太阳一晒，它就裂开了。我再说说这个捻船，捻船可是我们这儿的一个绝活，很重要。捻船就是用一些特殊材料，将板子间的缝、钉眼密合严实，使船不漏水。捻船工具主要有细筛子、抹灰棍，它的前边要做成扁圆锥状。捻凿、斜铲、锤子，还有油刷子。捻船时先要备好生石灰和麻刀才行。这船要是捻得不好，会给船的行驶带来很大的安全隐患（图 25）。

图 25　捻船

采访人：你们这儿是不是有个说法，说船在水里泡不坏，一上地就烂？

被采访人：也不是，你别晒着就行，不晒着就不扒缝。拿生石灰加上桐油麻刀弄了以后，在水里一泡，一涨就把那个缝给撑起来了，越涨越不漏。你看这个船排出来以后，缝都是特别严的，你得拿木材把缝撑开，然后把麻刀之类的砸进去，在水里一泡，这板子一涨，又挤又严实（图 26）。

图 26　砸麻绳

采访人：你们这水木匠，就是这一片区域的一个奇迹。周围一圈旱木匠，你们这儿是水木匠。

被采访人：就这一个村，都是祖传的。

采访人：我还听说过一种船在下面加上冰刀，是在冬天可以滑冰吗？

被采访人：对，是的。以前冬天快结冰的时候，就用这种船，叫救命船。这种船，没冰的时候可以浮起来，有冰的时候，就成了冰床，在刚结冰的时候，用这种船安全。冻不严的地方破掉冰，就在水里走，破不开的地方就划上冰面。这个船为什么叫救命船呢？你看，冬天人掉下去怎么办？

大冷天，人也不能下去救，周围的冰也都不结实，那就用到这个了，划着就过去了。

　　采访人：你们村都会造船吗？

　　被采访人：我们村百分之八十都会，几吨乃至几十吨的这类船都可以造。但是村里现在不造了，现在没人要了，也卖不出去。

　　采访人：以前的时候是卯的吧？

　　被采访人：没卯，都是钉子。以前也是钉子，但是过去的工具笨重，现在都是电气化，过去都是手工的。

　　采访人：我觉得这个应该形成一些图文的资料留下来，太珍贵了。

　　被采访人：留不下来，因为这些尺寸都不是固定的，是可以更改的，像那块板吧！它短一点或长一点都行。现在的年轻人也没有人愿意继承这些方法，已经失传了。

　　采访人：咱们村（马家寨）几十年前有水吗？水多吗？

　　被采访人：原来有水，人们总是挑水。这是从 1963 年以后才盖的这个房，过去都是水，水就有房子这么高，发大水的时候，人就上房顶上待着，有政府给补助的粮食，也有的在房顶上磨面。那时候飞机给扔大饼、饼干一类的食物。现在政府力量大，很快就能划着船来送吃的，那时候还没有那个能力。这水没半年那可退不下去啊，水的面积那么大。所以，人们就在房顶上生活有半年时间（图 27）。

图 27　发大水场景图

第四篇 其 他

一、戗泥

　　白洋淀地区的居民，常年靠淀里的芦苇生产生活，而芦苇是不需要施肥的。要想使芦苇长的杆茎粗壮，就需要撒点河泥。流水中的泥沙和动植物腐殖质沉淀到河底，长年累月沉淀在白洋淀形成河泥，富含各种矿物质，比化肥效果要好，于是有了"戗泥"（图1）。

图1　戗泥

　　戗泥是一门技术活，也是很费力气的。据老人们讲，在公社时期，戗泥的男人，挣得工分一般是较多的。而他们的工具，叫作戗泥罱子（图2），这种罱子和治鱼的罱子不同，罱包较之制鱼罱子要小，罱包两边的竹竿要短。原因很简单，河泥比较重，罱包要小，否则抬不动。

图 2　戗泥罱子构件

戗泥的过程：一艘六舱船两个人，撑船的人主要是控制船的平衡，用篙固定住船。用戗泥罱子的人倾斜身子，同时用前脚支住右手的竹竿 A 点（图 3），往前撑开河里的罱包，左手同时往后拉 B 点。在河里的罱包撑开后，左手再往前推 B 点，C、D 两点合并，将泥戗进罱包里，双手的竹竿合并，提到船上的储舱里，反复几次，把六舱的第二、三、四个舱弄满了之后，就算是弄完了一船，再撑船运到芦苇荡子中。

注意事项：把淀里深处的淤泥从水里用罱子给夹上来，罱子必须深入淀底，否则是稀泥。

戗泥的目的：一是为了施肥；二是为了垫房基地。白洋淀四面都是水，缺少泥土，只有去河里去夹泥。

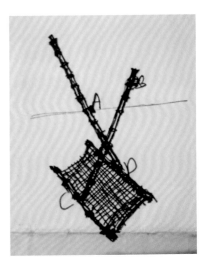

图 3　戗泥罱子

口述：

采访人：过去为什么戗泥呢？

李金壮：每逢春初秋末，白洋淀的苇芽出土之前和芦苇收割之后，水乡的很多劳动力都从事戗泥的重体力劳作。苇地上也好，淀地上也好，在地泥以上，水面以下，有一层黑泥，有厚的也有薄的，这些淤泥除了洪水携裹、雨水冲刷的泥沙积淀，还有大量的水草败落形成的腐殖质，将其打捞上岸，铺在园田或者苇地之上，既能提升高程，又能增强地力，并且能疏浚沟壕，使淀泊加深，蓄洪、泄洪的能力加强，可谓一举多得。这是历代传承的营田治水有效措施，只是近些年来，由于水位低浅，戗泥的伙已无人在干、无人能干。

采访人：以前挣工分，女的在家编席子比男的戗泥挣得工分多么？

戗泥人：你像编那么个席子十二个工分，我们下田的才挣七个工分，像戗泥这样的体力活加一个工分。拿过去来说，男的挣得不如女的多，编这个席子十二个工分，一天挣一块，我们才挣七毛。

二、放河灯

放河灯在白洋淀地区有着悠久的历史，在阵阵的鞭炮声中，家家户户在水面放下荷花灯，一时间，淀水中灯火通明，荷灯似繁星点点。

圈头： 每年阴历七月十四、七月十五晚上放，边放荷灯边放鞭炮，而且还敲锣打鼓。目的是祈求平安，保佑孩子不会出错，也就是保护孩子不会溺水而死。有大铁船也有小船，是村民自愿参加的一项活动，每次参加的人还不少。荷灯是用荷叶，香，做的，祖辈传下来的。也就是说，这是一种祝愿。可见白洋淀人施放荷灯是表达心目中对生命和死亡的敬畏。

胜芳： 在传统文化里，农历七月十五是祭奠亡故先辈的节日，俗称"鬼节"，陆地上家家都要上坟烧纸。但白洋淀人放河灯与此有着明显的不同，它不是一家一户对自己先辈的纪念，而发展成了集体性的祭礼。这习俗前 20 年就有，随着社会发展越来越热闹了。

旧时的荷灯： 用榆树皮磨成面，再用香油或植物油调拌，捏成小窝窝状灯芯，晾干后点燃，放置于鲜玉米皮或荷叶之上，漂浮于水面。

参 考 文 献

一、专著

安新县地方志办公室：《白洋淀志》，中国书店出版社，1996 年。

安新县地方志编纂委员会：《安新县志》，北京：新华出版社，2000 年。

冯钟琪：《白洋淀的渔具》，北京：农业出版社，1959 年。

高爱杰：《白洋淀志》，北京：新华出版社，1998 年。

河北省地方志编纂委员会：《河北市县概况》，下，内部资料，1986 年。

李晓峰：《乡土建筑——跨学科研究理论与方法》，北京：中国建筑工业出版社，2005 年。

马越、张文波：《华北明珠白洋淀》，石家庄：河北少年儿童出版社，1989 年。

孙犁：《荷花淀》，山东：山东文艺出版社，2011 年。

田素宁主编：《安新县文史资料》，第 5 辑内部资料，2007 年。

文安县地方志编纂委员会：《文安县志》，北京：九州出版社，2017 年。

吴永发、傅杰、高粱秸编：《苇编》，上海：上海科技教育出版社，1996 年。

谢觉民：《自然·文化人地关系》，北京：科学出版社，1999 年。

张绍祖：《张元第集》，天津：天津古籍出版社，2016 年。

张晓虹：《文化区域的分化与整合》，上海：上海书店出版社，2004 年。

二、期刊

崔秀丽、候玉卿、王军：《白洋淀生态演变的原因、趋势与保护对策》，《保定师专学报》1999 年第 2 期。

何乃华、朱宣清：《白洋淀形成原因的探讨》，《地理学与国土研究》1994 年第 1 期。

李月丛等：《白洋淀地区古环境变迁与史前文化》，《同济大学学报》（社会科学版）2000 年第 4 期。

马大明：《白洋淀水生系统设计初步研究》，《环境科学》1995 年第 16 期。

孙冬虎：《白洋淀周围聚落发展及其定名的历史地理环境》，《河北师范大学学报》（哲学社会科学版）1989 年第 3 期。

孙文举：《安新苇席生产史略》，《河北学刊》1984 年第 3 期。

王永源：《近代以来白洋淀流域学术研究综述》，《天中学刊》2017 年第 3 期。

朱宣清等：《白洋淀的兴衰与人类活动的关系》，《河北省科学院学报》1986 年第 2 期。

后　记

在本书的编写过程中得到了各行各业人士的大力支持，凝聚的是大家的心血。

首先，感谢白洋淀居民：陈爱菊、陈万斗、李守安、陈老四、罗宝玉、陈长远、田贺松、夏小辈、冯振国、王振国、李凤霞、王转社、任小藕、周冬梅、朱凤兰、底小荣、周小拴、周小榜、田玉桂、张拉文、刘兴旺、刘四代、张怀芝、邸老亮、郭华昌、郭明、田登潭、杜晓密、冯八、李德环、李老田、张兴瑞、张小泉、张宇恒、郝满军、王鹤堂先生（或女士）的热情帮助，以及其他热情的居民。其中特别感谢陈爱菊、陈万斗、李守安、罗宝玉的长期支持。

其次，感谢黄河老师、谢圣德先生、赵克琪先生提供的珍贵照片资料；感谢李金壮先生、赵景华先生提供的珍贵手绘资料；感谢帮忙的苏书明先生、邓志庚先生；感谢参与一线调研的杜恩龙老师和阿宁老师。

再次，感谢参与一线调研与整理的刘田洁老师、李崴老师、王晶老师；感谢参与一线调研与整理的河北大学2014级建筑学专业的苏晓同学，帮忙翻译录音的2015级建筑学专业的王琦、马敬利同学，2016级建筑学专业的崔凌英、吴帝同学，以及帮忙手绘的2015级建筑学专业的刘畅同学；以及范婷婷、曹子建、赵中山、崔硕、吕欣、贾园红、孙宏伟、程子旋、马晓松、赵时、支曼、赵书仪、周宇兴、李亚倩、闫宇晗、陈奕彤、郑鑫、陈鹏、王梓、刘红君、张风华、谢佳妮、卢晓燕、司伟业、蒋一佳、李雨萌、李雨桐、麻越、于浩、姜付忠、苏越怡、王哲、贺超英等同学为本书所做的贡献。

最后，对本书著写过程中给予支持和帮助的领导、同事及各界朋友们，一并表示感谢！

书中照片除标注出处外均为作者拍摄，手绘图片均由刘畅同学绘画，因学识以及经验有限，书中肯定仍有许多遗漏以及不妥之处，希望读者给予批评指正！